高职院校双高计划建设新形态特色教材

土工实训指导

主　编　胡朝仲　张利平　张金成
副主编　吴　单　刘汉清　姜　亮

黄河水利出版社
·郑州·

内容提要

本书是高职院校双高计划建设新形态特色教材，是按照我国最新颁布的国家和行业标准编写而成的。本书共分 3 大部分内容，包括基本知识、常规试验和附录。基本知识部分主要介绍土的组成、工程分类等内容；常规试验部分编排了 11 项试验项目，并介绍部分施工现场简易试验方法；附录中汇编了土的含水率试验、密度试验、颗粒分析试验、比重试验、界限含水率试验、渗透试验、击实试验、固结试验等各种试验记录表内容。

本书可供高等职业院校土木工程类专业教学使用，也可供从事水利、建筑、交通、市政等行业的工程技术人员学习参考。

图书在版编目(CIP)数据

土工实训指导/胡朝仲，张利平，张金成主编. —郑州：黄河水利出版社，2023.7

高职院校双高计划建设新形态特色教材

ISBN 978-7-5509-3623-2

Ⅰ.①土… Ⅱ.①胡… ②张…③张… Ⅲ.①土工学-高等职业教育-教材 Ⅳ.①TU4

中国国家版本馆 CIP 数据核字(2023)第 131418 号

组稿编辑：王路平　电话：0371-66022212　E-mail：hhslwlp@163.com

田丽萍　66025553　912810592@qq.com

责任编辑：周倩　责任校对：兰文峡　封面设计：李思璇　责任监制：常红昕

出版发行：黄河水利出版社

地址：河南省郑州市顺河路 49 号　邮政编码：450003

网址：www.yrcp.com　E-mail：hhslcbs@126.com

发行部电话：0371-66020550

承印单位：河南育翼鑫印务有限公司

开本：787 mm×1 092 mm　1/16

印张：5.25

字数：120 千字　　印数：1—1 100

版次：2023 年 7 月第 1 版　　印次：2023 年 7 月第 1 次印刷

定价：25.00 元

前　言

本书是贯彻落实《国家中长期教育改革和发展规划纲要(2010—2020年)》、《国务院关于加快发展现代职业教育的决定》(国发〔2014〕19号)、《现代职业教育体系建设规划(2014—2020年)》等文件精神,根据土力学课程的要求,结合中华人民共和国住房和城乡建设部、中华人民共和国国家市场监督管理总局、中华人民共和国水利部、国家能源局等部门发布的中华人民共和国国家标准和行业标准《土工试验方法标准》(GB/T 50123—2019)、《土的工程分类标准》(GB/T 50145—2007)、《水利水电工程地质勘察规范》(2022年版)(GB 50487—2008)、《建筑地基基础设计规范》(GB 50007—2011)和《岩土工程勘察规范》(2009年版)(GB 50021—2001)、《工程勘察通用规范》(GB 55017—2021)、《碾压式土石坝设计规范》(SL 274—2020)、《碾压式土石坝施工规范》(DL/T 5129—2013)及《工程地质手册》(第5版)等,针对生产一线的需要,在具有丰富工作经验的专家指导下进行编写的,具有较强的实用性。

本书共分3大部分内容,包括基本知识、常规试验和附录。基本知识部分主要介绍土的组成、工程分类等内容,主要内容涵盖了土工试验方面的知识和技能要求。本课程实践性强、综合性大、社会性广,必须结合工程实际情况,综合运用有关基本理论和知识,解决生产试验实践问题。

本书由云南水利水电职业学院主持编写工作,编写单位及编写人员如下:云南水利水电职业学院胡朝仲、张利平、吴单。云南兴利工程质量检测有限公司张金成、刘汉清,云南省水利水电工程有限公司姜亮。本书由胡朝仲、张利平、张金成担任主编,胡朝仲负责全书统稿;由吴单、刘汉清、姜亮担任副主编。

本书在编写过程中,引用了大量的规范、专业文献和工程案例,在书中未一一注明出处,在此向有关文献的作者深表谢意,同时也向支持和帮助本书出版的相关单位的老师表示谢意!

由于编者的理论水平和实践经验所限,书中疏漏、缺点在所难免,热情期待广大读者批评指正。

编　者

2023年5月

目 录

第 1 部分　基本知识

1.1　土的组成

1.1.1　土的形成

土是由地球外壳坚硬的岩石在风化作用(包括物理风化作用、化学风化作用及生物风化作用)下形成的在原地残留或经过各种不同类型的动力搬运后,在各种自然环境中重新堆积而成的堆积物。

1.1.1.1　物理风化

岩石中发生的只改变颗粒的大小与形状,不改变原来的矿物成分的变化称为物理风化。物理风化一般包括岩石在经受风、霜、雨、雪等自然营力的影响下而发生的机械破碎作用,周围环境的温度、湿度发生变化引起的不均匀膨胀与收缩而产生的破裂作用等。

1.1.1.2　化学风化

岩石与周围环境中的水、氧气和二氧化碳等物质长时间接触后,其内部的化学成分逐渐发生变化,从而导致其组成矿物成分发生改变的过程称为化学风化。由化学风化而产生的一些新的矿物称为次生矿物,如黏土矿物等。

1.1.1.3　生物风化

动物、植物和人类活动对岩石的破坏作用称为生物风化。例如,树在岩石缝隙中生长时树根伸展使岩石缝隙扩展开裂,人类开采矿石、建材,修建铁路、公路时开凿隧道等活动形成的土,其矿物成分一般没有变化。

1.1.2　土的物质组成

土的物质成分包括作为主骨架的土颗粒,充填于土颗粒之间的孔隙中的水或水溶液,以及气体三个部分。因此,土是由固体矿物颗粒(固相)、水(液相)与空气(气相)三相物质组成的三相系。土的形成年代和自然条件的不同,使各种土的颗粒大小、矿物成分及土的三相间的数量比例存在很大的差异,造成了土的轻重、疏密、干湿、软硬等一系列物理性质和状态上的不同反映,从而导致各种土在工程应力作用下的物理力学性质也各不相同。所以,要研究土的工程性质就必须了解土的三相组成,其性质、比例、环境条件及在天然状态下土的结构和构造等总体特征。

1.1.2.1　固体矿物颗粒

1. 土粒

在土的三相组成物质中,固体颗粒(简称土粒)是土的最主要的物质成分,由矿物颗粒或有机质所组成。它既是构成土的骨架主体,也是土中最稳定、变化最小的成分,骨架间布满许多孔隙,孔隙为液体或气体所占据。在土的三相之间的相互作用中,土粒一般也居于主导地位。土的工程性质主要取决于组成土的土粒的工程特性。土粒的工程特性可以从土粒的矿物组成和大小(土的粒度成分和矿物成分)两个基本方面来描述。一般地说,组成土粒的矿物的亲水性越强,土的工程特性受含水率的影响越大;组成土粒的颗粒越粗、越坚硬,物理力学性质及化学性质越稳定;表面越粗糙,土的透水性越好,可压缩性越小,强度越高,土的总体工程特性越好;组成土粒的颗粒越细、越软,物理力学性质及化学性质越不稳定,表面越光滑,则单位体积土中所有土粒的总表面积即土的比表面积越大,土粒间的摩擦阻力和孔隙越小,土粒与孔隙中水的接触面积越大,土的透水性越差,工程特性受含水率的影响越大,在工程应力作用下承受荷载和抵抗变形的能力越弱。

若土中孔隙完全为水等液体所占据,称之为饱和土;若土中孔隙完全为气体所充满,称之为干土;若土中孔隙同时存在水和气体,称之为湿土。湿土是三相系,饱和土和干土均为二相系。三相物质间的相互作用和比例关系反映出土的物理力学性质,构成土的物理力学性质指标,从而可以对土进行分类和鉴定。

组成土的固体颗粒的矿物成分有原生矿物、次生矿物、可溶盐类、有机质四大类别,它们的工程特性各不相同。

1)原生矿物

原生矿物是指母岩风化后仍然保留的矿物,常见的原生矿物有石英、长石、云母等。它们的特点是颗粒粗大,物理、化学性质比较稳定。所以,原生矿物对土的工程性质的影响比其他几种矿物要小得多。矿物颗粒的大小、形状和成分及颗粒组成和相互排列关系等,对土的性质有着极为重要的影响。

2)次生矿物

次生矿物是指母岩风化过程中形成的新矿物。它们是组成黏粒的主要成分。组成土的这类矿物主要有黏土矿物、次生 SiO_2、倍半氧化物(Al_2O_3 和 Fe_2O_3 等)。其中最常见、对土的工程性质影响最大的是黏土矿物。常见的黏土矿物为含水铝硅酸盐,主要有高岭石、伊利石、水云母及蒙脱石等。

3)可溶盐类

土中常见的可溶盐类,按其被水溶解的难易程度分为易溶盐、中溶盐和难溶盐三类。

4)有机质

在自然界的一般土,特别是淤泥质土中,通常都含有一定数量的有机质。有机质比黏土矿物有更强的胶体特性和更高的亲水性。所以,有机质对土性质的影响比黏土矿物更剧烈。当黏性土中的有机质含量达到或超过5%,砂土中的有机质含量达到或超过3%时,土的工程性质就开始具有显著的变化,会导致土的含水量显著增大,并呈现出较高的压缩性和较低的强度。

2. 土的粒度成分

土的粒度成分是指土粒的大小或不同大小的土粒的相对含量(或称颗粒级配),它以各粒组颗粒的质量占该土颗粒的总质量的百分数来表示。它是决定土的工程性质的主要内在因素之一,因而也是土的类别划分的主要依据。

土粒的直径大小称为粒径(或粒度)。由于土的粒径由大到小逐渐变化时,土的工程性质也会相应地发生变化,因此,在工程上习惯于根据土粒的工程性质的差异而将土的粒径划分为若干个区段,把界于一定粒径范围的土粒归为一组,形成一个粒组。土颗粒粒组的划分在于使同一粒组中的土粒的工程性质相近,而与相邻粒组中的土粒的工程性质有明显差别。

因此,粒组就是指颗粒粒径大小和性质相近的土颗粒组合。表 1-1 是我国现行的粒组划分标准,表中列出了各种粒组的粒径范围和各粒组的一般特征。

表 1-1　土的粒组划分

<table>
<tr><th>粒组统称</th><th colspan="2">粒组划分(粒组名称)</th><th>粒径(d)的范围/mm</th><th>一般特征</th></tr>
<tr><td rowspan="2">巨粒组</td><td colspan="2">漂石(块石)组</td><td>$d>200$</td><td rowspan="3">颗粒间的孔隙很大,透水性强,颗粒之间无联结;不能保持水分,毛细水上升高度小,无毛细作用</td></tr>
<tr><td colspan="2">卵石(碎石)组</td><td>$200\geqslant d>60$</td></tr>
<tr><td rowspan="6">粗粒组</td><td rowspan="3">砾粒(角砾)</td><td>粗砾</td><td>$60\geqslant d>20$</td></tr>
<tr><td>中砾</td><td>$20\geqslant d>5$</td><td rowspan="2">颗粒间的孔隙较大,透水性较强,颗粒之间无联结,无可塑性,易透水;毛细水上升高度不超过粒径大小</td></tr>
<tr><td>细砾</td><td>$5\geqslant d>2$</td></tr>
<tr><td rowspan="3">砂粒</td><td>粗砂</td><td>$2\geqslant d>0.5$</td><td rowspan="3">易透水,无黏性,无塑性,干燥时松散;毛细水上升高度不大(一般小于 1 m)</td></tr>
<tr><td>中砂</td><td>$0.5\geqslant d>0.25$</td></tr>
<tr><td>细砂</td><td>$0.25\geqslant d>0.075$</td></tr>
<tr><td rowspan="2">细粒组</td><td colspan="2">粉粒</td><td>$0.075\geqslant d>0.005$</td><td>湿润时微有可塑性,透水性较弱,毛细水上升高度较大,在水中的结构不稳定,饱和时易悬浮和流动</td></tr>
<tr><td colspan="2">黏粒</td><td>$d\leqslant 0.005$</td><td>有可塑性和黏性,透水性极微,毛细水上升高度大,但速度慢,遇水膨胀大,干时收缩性显著、坚硬</td></tr>
</table>

注:漂石、卵石和砾粒颗粒呈一定的磨圆形状,为圆形或亚圆形;块石、碎石和角砾颗粒带有棱角。

3. 土的颗粒分析

在实践中,最常用的土颗粒大小分析方法有筛析法和密度计法(比重计法)。

筛析法适用于粒径大于 0.075 mm 的土颗粒。它是用一套孔径不同的标准筛,从上至下,孔径由粗到细重叠起来,将事先称过质量的干土样过筛,分别称出留存在各筛上的土样颗粒质量,然后计算出这些土粒质量占总土质量的百分数。

密度计法适用于粒径小于 0.075 mm 的土颗粒。它是将少量细粒土放入清水中,由于大小不同的土颗粒在水中下沉的速度各不相同,大颗粒下沉快而小颗粒下沉慢,利用密度计测定出不同时间土粒和水混合悬液的密度,就可以计算出小于或大于某一粒径的土粒质量占总土质量的百分数。

如土中同时含有粒径大于 0.075 mm 和粒径小于 0.075 mm 的土粒,则可联合使用上述两种方法对土进行颗粒分析。

4. 土的颗粒级配与颗粒级配曲线

土中各种粒组的相对质量含量，用土粒总质量的百分数表示，称为土粒级配。

用小于某粒径的土粒占总质量的百分数为纵坐标，横坐标用对数尺度表示土颗粒直径(d)，画出的曲线称为颗粒级配曲线，如图 1-1 所示。这是因为通常土粒直径的变化范围很大，相差常在百倍、千倍以上，如果直接采用土粒的粒径数值坐标画图，则为使图形清晰，就需要将图画得很大。在实际工程中，经研究发现，如果采用土粒的粒径的对数值为坐标值画图，则颗粒级配累积曲线图可以画得既小又清晰。所以，工程中颗粒级配累积曲线图中的横坐标均采用对数坐标。用对数尺度能将细小土粒含量都表示出来，尤其能把占总质量小，但对土的性质影响较大的微小土粒部分表示出来。

根据颗粒级配曲线可求出土中所含各粒组的质量占土粒总质量的百分数。如图 1-1 中曲线 03 所表示的粒组含量中，砾(>2 mm)占 51.00%，砂(0.075~2 mm)占 38.00%，粉粒(0.005~0.075 mm)占 6.00%，黏粒(<0.005 mm)占 5.00%。由大小相近的颗粒所组成的土常具有某些共同的特性，所以土粒级配可作为粗粒土的工程分类和土料选择的依据。

另外，从颗粒级配曲线还可以看出土粒的分布情况。若曲线坡度较平缓，呈渐变状，表明土粒大小分布范围广泛，土粒大小不均匀，是连续级配，因而粒组级配良好；若曲线出现水平段，或呈阶梯状，则说明土的粒度成分不连续，主要由大颗粒和小颗粒组成，缺乏某些中间粒径的土粒，这样的级配称为不连续级配；曲线形状较陡，表示土粒大小分布范围较小。为了判别土粒级配是否良好，常用不均匀系数 C_u 和曲率系数 C_c 两个指标来分别描述颗粒级配曲线的坡度和形状特征，并对其工程性质进行初步判别。

$$C_u = \frac{d_{60}}{d_{10}} \tag{1-1}$$

$$C_c = \frac{{d_{30}}^2}{d_{10}d_{60}} \tag{1-2}$$

式中　C_u——不均匀系数；

C_c——曲率系数；

d_{10}——有效粒径，在粒径分布曲线上小于某粒径的土含量占总土质量 10% 的粒径；

d_{30}——在粒径分布曲线上小于某粒径的土含量占总土质量 30% 的粒径；

d_{60}——限制粒径，在粒径分布曲线上小于某粒径的土含量占总土质量 60% 的粒径。

不均匀系数(C_u)反映粒径曲线坡度的陡缓，表明土颗粒大小的不均匀程度，是反映土颗粒组成不均匀程度的参数。C_u 值愈大，表示颗粒级配曲线的坡度愈平缓，土粒大小愈不均匀；C_u 值愈小，表明颗粒级配曲线的坡度愈陡。工程上常将 $C_u<5$ 的土称为均匀土，而把 $C_u \geqslant 5$ 的土称为非均匀土。

曲率系数(C_c)反映颗粒级配曲线的整体形状及细粒含量，研究资料指出，$C_c<1$ 的土往往级配不连续，细粒含量大于 30%；$C_c>3$ 的土也是不连续的，细粒含量小于 30%；当 $C_c=1\sim3$ 时，表示土粒大小级配的连续性较好或土粒大小变化有一定规律。

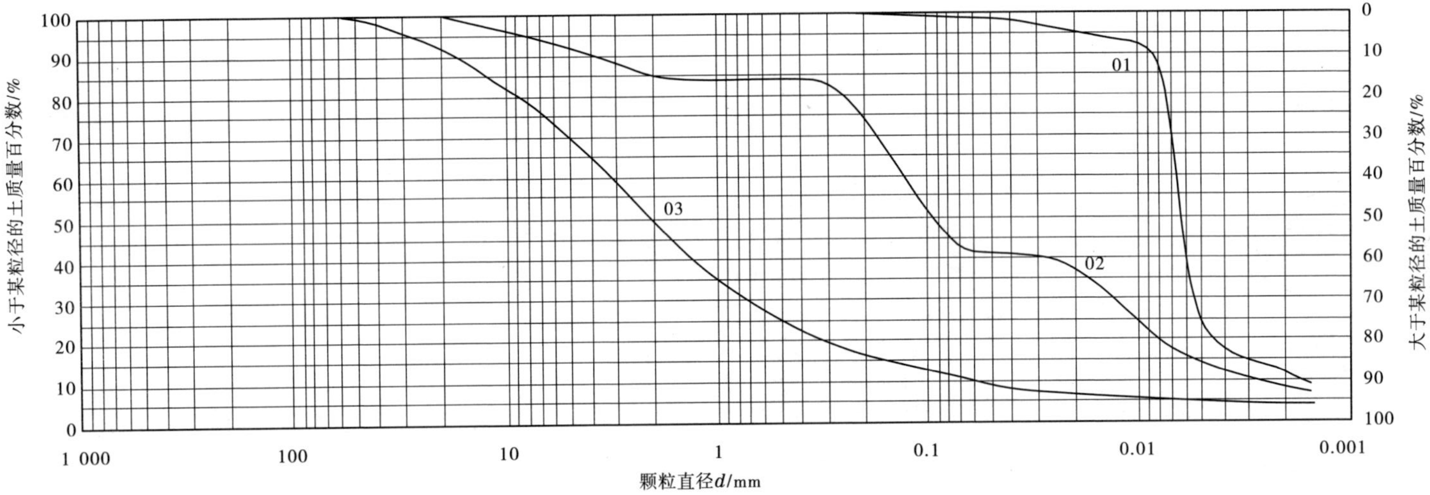

漂石或块石	卵石或碎石	砾粒 粗	砾粒 中	砾粒 细	砂粒 粗	砂粒 中	砂粒 细	粉粒	黏粒

试样编号	巨粒组含量/%		粗粒组含量/%		细粒组含量/%		$C_u=\frac{d_{60}}{d_{10}}$	$C_c=\frac{d_{30}^2}{d_{10}d_{60}}$	土的分类名称
	漂石(块石)	卵石(碎石)	砾粒(角砾)	砂粒	粉粒	黏粒			
	$d>200$	$200\geqslant d>60$	$60\geqslant d>2$	$2\geqslant d>0.075$	$0.075\geqslant d>0.005$	$d\leqslant 0.005$			
	mm	mm	mm	mm	mm	mm			
01	0	0	0	1.00	74.00	25.00	3.50	2.48	级配不良的粉土
02	0	0	15.00	41.00	30.00	14.00	14.81	0.48	级配不良的粉土质砂
03	0	0	51.00	38.00	6.00	5.00	49.23	2.56	级配良好的含细粒土砾

工程编号________
土样编号________
土样说明________
试验日期________
试 验 者________
计 算 者________
制 图 者________

图 1-1　颗粒级配曲线

因此,如果要满足土粒级配良好的要求,除土粒大小必须不均匀($C_u \geqslant 5$)外,还要求颗粒级配曲线有较好的连续性,符合曲率系数 $C_c = 1 \sim 3$ 的条件。所以,在工程中,对粗粒土级配是否良好的判定规定如下:

(1)级配良好的土:对这种土而言,多数粒径分布曲线的主段呈光滑下凹的形式,曲线坡度较缓,土颗粒大小连续,曲线主段粒径之间有一定变化规律,能同时满足 $C_u \geqslant 5$ 和 $C_c = 1 \sim 3$ 两个条件。如图 1-1 中曲线 03 表示的土样的 $d_{10} = 0.065$ mm,$d_{30} = 0.73$ mm,$d_{60} = 3.20$ mm,根据式(1-1)和式(1-2)计算可以得出:

$$C_u = \frac{d_{60}}{d_{10}} = 49.23 \quad (\geqslant 5)$$

$$C_c = \frac{{d_{30}}^2}{d_{10}d_{60}} = 2.56 \quad (1 \sim 3)$$

故可判定该土样为级配良好的土(含细粒土砾)或良好级配土。

(2)级配不良的土:这种土的粒径分布曲线坡度较陡,即土颗粒大小比较均匀,或土颗粒大小虽然较不均匀,但其粒径分布曲线不连续,出现水平段,表明有缺粒段,呈阶梯状形态。这些土都属于级配不良的土,即它不能同时满足 $C_u \geqslant 5$ 和 $C_c = 1 \sim 3$ 两个条件。如图 1-1 中曲线 01 和曲线 02 所示。其中,曲线 01 表示的土样的 $d_{10} = 0.001\ 8$ mm,$d_{30} = 0.005\ 3$ mm,$d_{60} = 0.006\ 3$ mm,根据式(1-1)和式(1-2)计算可以得出:

$$C_u = \frac{d_{60}}{d_{10}} = 3.50 \quad (\geqslant 5)$$

$$C_c = \frac{{d_{30}}^2}{d_{10}d_{60}} = 2.48 \quad (1 \sim 3)$$

故可判定该土样为级配不良的(粉)土(因为不能同时满足 $C_u \geqslant 5$ 和 $C_c = 1 \sim 3$ 两个条件)。

级配良好的土,颗粒间的孔隙可为小颗粒填充,因而容易密实,土的密度较大,渗透性和压缩性都较小,土的抗剪强度也较高。故土粒级配常作为堤坝工程填料选择的依据。

1.1.2.2　土中的水

在自然条件下,土中总是含水的。在一般黏性土,特别是饱和软黏性土中,水的体积常占据整个土体相当大的比例。土中细颗粒、可溶盐、有机质、易分解矿物含量愈多,水对土的工程性质的影响愈大。所以,研究土中水的含量及其类别与性质,对了解土的工程性质有着非常重要的意义。

按与土粒的相互作用关系及其对土的工程性质的影响程度,土中水可分为矿物内部结合水、结合水和自由水三大类。

1. *矿物内部结合水*

存在于土粒矿物结晶格架内部或参与矿物晶格构成的水称为矿物内部结合水。其中,以离子形式存在于土粒矿物结晶格架内部的固定位置上的水称为结构水;以固定数量的分子形式存在于土粒矿物结晶格架内部的固定位置上的水称为结晶水;以不定数量的分子形式存在于土粒矿物相邻晶胞之间的水称为沸石水。矿物内部结合水只有在高温(140~700 ℃)下才能转化为气态水而与土粒分离。所以,它是矿物颗粒的一部分,对土的工程性质几乎没有影响。

2. 结合水

结合水是指受分子引力、静电引力的作用，吸附于土粒表面的土中水。这种吸引力高达几千到几万个大气压，使水分子和土粒表面牢固地黏结在一起。

土粒周围的水分子，一方面受到土粒所形成电场的静电引力作用，另一方面又受到布朗运动（热运动）的扩散力作用。在最靠近土粒表面处，静电引力最强，把水分子牢固地吸附在颗粒表面，使其发生整齐的定向排列，形成固定层。在固定层外围，静电引力比较小，水分子发生不整齐的疏松排列，形成扩散层。扩散层比固定层厚一些。扩散层水膜的厚度对黏性土的特性影响很大。土粒扩散层厚度（亦即结合水膜厚度）愈大，土的膨胀性、压缩性愈高，强度愈低。在工程中可以利用离子交换原理来改良土质，例如可以用3价及2价离子等高价离子处理黏土，使得它的扩散层变薄，从而增加土的稳定性，减少膨胀性，提高土的强度；也可用含1价离子的盐溶液处理黏土，使扩散层增厚，而大大降低土的透水性。

3. 自由水

自由水为土粒孔隙中超出土粒表面静电引力作用范围的水。它受重力作用控制，可以传递静水压力，并具有溶解能力，一般呈液态，在温度0 ℃以下冻结成冰，在温度100 ℃左右变成蒸汽，以水汽状态存在。按照其在土粒孔隙中的存在特点，自由水又可分为毛细水和重力水两种。

1）毛细水

毛细水是存在于土的细小孔隙中，因土粒的分子引力和水与空气界面的表面张力共同构成的毛细力作用而形成的孔隙水。

毛细水主要存在于直径为0.002～0.50 mm的毛细孔隙中。孔隙更细小者，土粒周围的结合水膜有可能充满孔隙而不能再有毛细水。粗大的孔隙则毛细力极弱，难以形成毛细水。故毛细水主要存在于砂土、粉土和粉质黏性土中。

毛细水除会增加土的含水量，造成土的工程性质恶化外，在不同的气候区对土的工程性质及建筑工程的影响有很大的区别：

（1）在潮湿地区，毛细水上升接近建筑物基础底面时，会增加建筑物的基础湿度，所以应做好底层的防潮。

（2）在寒冷地区，毛细水将加剧冻胀作用。

（3）在干旱地区，毛细水含有盐分时，蒸发后盐分会在土粒处积聚，形成盐渍土。

（4）在具有腐蚀性的地下水地区，毛细水将加剧基础和地下管道的腐蚀作用。

2）重力水

重力水是存在于较粗大孔隙中，具有自由活动能力，在重力作用下可以流动的液态水。重力水对土的工程性质的影响有以下几个方面：

（1）机械潜蚀作用：重力水流动时，产生动水压力，能冲刷带走土中的细小土粒。

（2）化学潜蚀作用：重力水溶滤土中的水溶盐。

上述两种潜蚀作用都将使土的孔隙增大，增大压缩性，降低抗剪强度。

（3）增加土的含水量，造成土的工程性质恶化。

(4)地下水面以下的饱和土对于含水层以下的隔水层而言,土重将增加,而对于含水层内土而言,因浮力作用,土重将相对减小。

(5)产生孔隙水压力使有效应力降低。

3)气态水

气态水是以水汽形式存在于土粒间的水,可以从气压高的地方向气压低的地方移动,也可以在土粒表面凝聚转化为其他各种类型的水。气态水的迁移和聚集使土中水和气体的分布状况发生变化,从而改变土的工程性质。

4)固态水

当温度降低至0 ℃以下时,土中的水(主要是重力水)冻结成固态水(冰)。固态水在土中可以起到胶结作用,提高土的力学强度,降低透水性。但温度升高后,固态水融化,又可使土的这种胶结作用消失、孔隙增加、结构变疏松,从而导致土的强度急剧降低和压缩性增大,土的工程性质显著恶化。

1.1.2.3　土中的气体

土中孔隙未被水充填部分会被气体充满,因此土中气体含量的多少取决于土中孔隙体积的大小和水的充填程度。

土中的气体有封闭气体和游离气体两种。游离气体通常存在于近地表的包气带中,与大气相通,并随外界条件改变与大气有交换作用,处于动平衡状态。它一般对土的性质影响较小。

封闭气体存在于呈封闭状态的土孔隙中,与大气隔绝。封闭气体多存在于黏性土中,对土的性质影响较大。一方面,当土层受压缩荷载作用时,体积变小,荷载撤销,体积又会膨胀,使土的弹性增加,不易压实;另一方面,封闭气体具有一定的压力,会阻止水的通过,从而导致土的透水性降低。

此外,在淤泥和泥炭质土等有机土中,由于微生物的分解作用,土中有时聚积有毒气体和可燃气体,例如二氧化碳、沼气及硫化氢等。若这些气体长期被埋藏于较深的土层中,且含量很高,当开挖地下工程揭露这类土层时,会对人的生命安全产生严重危害。

1.2　土的工程分类

土是自然历史的产物,不同成因和不同堆积年代形成的土的工程性质差别很大,为了能充分利用不同性质和特性的土,使之为工程服务,需要对土进行工程分类。

土的工程分类的标准和方法很多,目前国内外工程中广泛应用的主要有以下两类:

一类把土作为建筑地基和环境,以原状土利用为目的,侧重于研究土的变形和强度特征。如我国《建筑地基基础设计规范》(GB 50007—2011)和《岩土工程勘察规范》(2009年版)(GB 50021—2001)等。

另一类把土作为建筑材料,用于路堤、土坝和填土地基等工程,以扰动土为基本研究对象,侧重于土的组成,而不考虑土的天然结构性。如国家标准《土的工程分类标准》(GB/T 50145—2007)等。本书主要介绍把土作为建筑材料的分类。

1.2.1　标准

《土工试验方法标准》(GB/T 50123—2019)、《土的工程分类标准》(GB/T 50145—2007)。

1.2.2　一般规定

1.2.2.1　土的工程分类(简称分类)特性指标

(1)土颗粒组成及其特性。

(2)土的塑性指标:塑限(ω_P)、液限(ω_L)和塑性指数(I_P)。

(3)土中有机质含量等。

1.2.2.2　土的分类试验标准

(1)土颗粒粒组含量应按《土工试验方法标准》(GB/T 50123—2019)中颗粒分析试验相关规定进行试验。

(2)土的塑性指标应按《土工试验方法标准》(GB/T 50123—2019)中界限含水率试验相关规定进行试验。

(3)土的有机质含量应按《土工试验方法标准》(GB/T 50123—2019)中有机质试验相关规定进行测定。

1.2.2.3　工程用土的分类

《土工试验方法标准》(GB/T 50123—2019)将工程用土分为基本土类和特殊性土两大类:

(1)一般土按不同粒组的相对含量可分为巨粒土、粗粒土和细粒土。

(2)特殊土包括湿陷性黄土、膨胀土和红黏土、盐渍土等。

1.2.2.4　土的粒组划分

土的粒组划分见表 1-1。

1.2.2.5　土颗粒组成特性

土颗粒组成特性应以土的级配指标(不均匀系数 C_u 和曲率系数 C_c)表示。

1.2.2.6　土类基本代号

土类基本代号应符合表 1-2 的规定。

表 1-2　土类基本代号一览表

土类名称	基本代号	土类名称	基本代号
漂石(块石)	B	黄土	Y
卵石(碎石)	Cb	膨胀土	E
砾(角砾)	G	红黏土	R
砂	S	盐渍土	St
粉土	M	级配良好	W
黏土	C	级配不良	P

续表 1-2

土类名称	基本代号	土类名称	基本代号
细粒土(C 和 M 合称)	F	高液限	H
混合土(粗、细粒土合称)	SI	低液限	L
有机质土	O		

1.2.2.7　表示土类的代号规定构成

(1)1 个代号即表示土的名称。

示例:Cb——卵石、碎石;M——粉土。

(2)由 2 个基本代号构成时,第 1 个基本代号表示土的主成分,第 2 个基本代号表示土的特性指标(土的液限或土的级配)。

示例:GP——级配不良砾;CL——低液限黏土。

(3)由 3 个基本代号构成时,第 1 个基本代号表示土的主成分,第 2 个基本代号表示液限的高低(或级配的好坏),第 3 个基本代号表示土中所含次要成分。

示例:CHG——含砾高液限黏土;MLS——含砂低液限粉土。

1.2.3　土的分类

1.2.3.1　分类指标和程序

1. 分类指标确定

1)土的颗粒大小及其分布

土的颗粒大小及相互间的搭配关系,决定着土的性状。如砾类土、砂类土、粉土和黏性土性质相差很大,主要就是因为它们的颗粒大小显著不同。在细粒土中由于表面结合力的影响,起决定作用的是它的可塑性。而粗粒土因比表面积很小,可塑性甚微或可以忽略,但其粒径大小及其级配对它的性质有重要影响,所以,对粗粒土主要是以粒径大小及其级配作为分类的指标。

2)土的塑性和液限

细粒土的塑性能综合反映土的矿物成分、颗粒形状及大小等因素。如黏土具有塑性,粉土稍有或无塑性,砂和砾则完全无塑性,因而塑性指数是划分细粒土的分类指标之一。如前所述,细粒土的液限也是影响其力学性质的重要指标。因此,在进行细粒土的分类时,是以塑性指数和液限两个指标为依据的,即以塑性图作为分类的基础。

3)有机质含量

有机质含量对土的力学性质影响较大。当土的有机质含量较高时,土料常表现为含水率高、压缩性大、渗透性强、强度较低等特点,因而将有机质含量作为土的分类指标,其主要目的在于引起人们在土坝、土堤填筑或选料时的注意。有机质含量较高的土常常是在古代或近代的江河、湖泊和海洋等水体中沉积形成的土,它没有固定的粒径,是由已分解或部分分解的纤维性有机物质构成的,如腐烂的树干、树根、树叶、草根等,潮湿时呈黑色、青黑色或暗色,有臭味,手触有弹性或海绵感。

2. 分类的一般程序

(1)根据土中未完全分解的动植物残骸和无定形物质判定是有机土还是无机土。如果土料全部是有机质或有机质含量超过 25%(例如泥炭),则判定为有机土;如果土料中只包含一部分或少部分有机质,含量 5%~10%,则判定为无机土。

当不能判定其是否为有机土时,可将试样在 105~110 ℃的烘箱中烘焙 1 d,焙烘后试样的液限降低到未烘焙试样液限的 3/4 时,则试样为有机土。

(2)对于无机土,则根据试样的颗粒级配曲线,并按土分类体系(见表 1-3)再划分为巨粒组、粗粒组、细粒组。

表 1-3　土分类体系

土类		粒径(d)的范围/mm	含量/%	其他
巨粒组	漂石(块石)	$d>200$	>50	
	卵石(碎石)	$200\geqslant d>60$		
粗粒组	砾类土	$60\geqslant d>2$	>50	砾>50%
	砂类土	$2\geqslant d>0.075$		砂≤50%
细粒组	粉粒	$0.075\geqslant d>0.005$	≥50	A 线(见图 1-2)下侧
	黏粒	$d\leqslant 0.005$		A 线(见图 1-2)上侧
有机土			全部是有机质或有机质含量超过 25%	

对于巨粒组,主要根据颗粒大小及含量进行分类;对于粗粒组,则根据颗粒大小及级配进行分类;而对于细粒组,欧美各国和我国水利系统大都按塑性图(见图 1-2)分类,其他系统则常根据塑性指数分类。

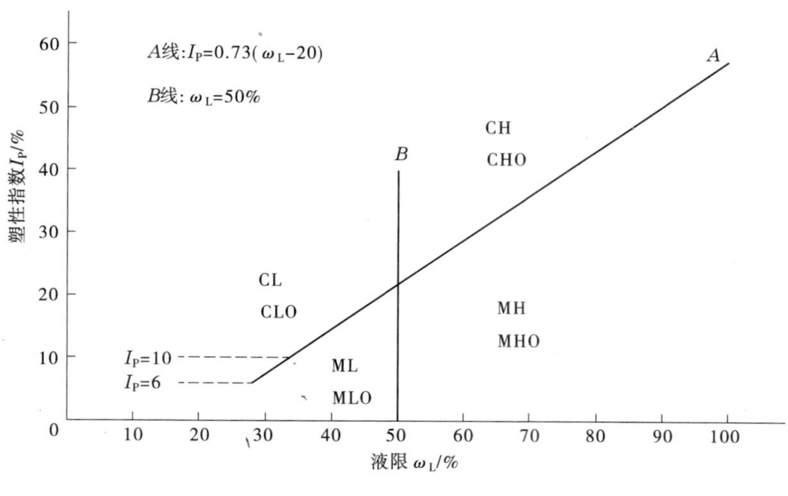

图 1-2　塑性图

1.2.3.2 土的分类和定名

1. 巨粒土和含巨粒土的分类和定名

(1)试样中巨粒组质量大于总质量75%的土称巨粒土。

(2)试样中巨粒组质量为总质量的50%~75%的土为混合巨粒土。

(3)试样中巨粒组质量为总质量的15%~50%的土为巨粒混合土。

(4)试样中巨粒组质量小于总质量15%的土,可扣除巨粒,按粗粒类土或细粒类土的相应规定分类、定名。

(5)巨粒土、混合巨粒土和巨粒混合土的分类、定名应符合表1-4的规定。

表1-4 巨粒土、混合巨粒土和巨粒混合土的分类

土类	粒组含量		土代号	土名称
巨粒土	巨粒含量>75%	漂石含量大于卵石含量	B	漂石
		漂石含量不大于卵石含量	Cb	卵石
混合巨粒土	50%<巨粒含量≤75%	漂石含量大于卵石含量	BSI	混合土漂石
		漂石含量不大于卵石含量	CbSI	混合土卵石
巨粒混合土	15%<巨粒含量≤50%	漂石含量大于卵石含量	SIB	漂石混合土
		漂石含量不大于卵石含量	SICb	卵石混合土

2. 粗粒土的分类和定名

(1)试样中粗粒组质量大于总质量50%的土称粗粒土。

(2)粗粒土中砾粒组质量大于总质量50%的土称砾类土;砾粒组质量小于或等于总质量50%的土称砂类土。

(3)砾类土应根据其中细粒含量及类别、粗粒组的级配,按表1-5分类和定名。

表1-5 砾类土分类

土类	粒组含量		土代号	土名称
砾	细粒含量<5%	级配:C_u ≥5、1≤ C_c ≤3	GW	级配良好砾
		级配:不同时满足上述要求	GP	级配不良砾
含细粒土砾	5%≤细粒含量<15%		GF	含细粒土砾
细粒土质砾	15%≤细粒含量<50%	细粒为黏土	GC	黏土质砾
		细粒为粉土	GM	粉土质砾

注:细粒土质砾土类,应按细粒土在塑性图(见图1-2)中的位置定名。

(4)砂类土应根据其中细粒含量及类别、粗粒组的级配,按表1-6分类和定名。

表1-6 砂类土分类

土类	粒组含量		土代号	土名称
砂	细粒含量<5%	级配:C_u ≥5、1≤ C_c ≤3	SW	级配良好砂
		级配:不同时满足上述要求	SP	级配不良砂

续表 1-6

土类	粒组含量		土代号	土名称
含细粒土砂	5%≤细粒含量<15%		SF	含细粒土砂
细粒土质砂	15%≤细粒含量<50%	细粒为黏土	SC	黏土质砂
		细粒为粉土	SM	粉土质砂

注：细粒土质砂土类，应按细粒土在塑性图（见图 1-2）中的位置定名。

3. 细粒土的分类和定名

（1）试样中细粒组质量大于或等于总质量 50%的土称细粒类土。

（2）细粒类土应按下列规定划分。

①试样中粗粒组质量小于总质量的 25%的土称细粒土。

②试样中粗粒组质量为总质量的 25%~50%的土称含粗粒的细粒土。

③试样中含有部分有机质（有机质含量 $5\% \leq O_u \leq 10\%$）的土称有机土。

（3）细粒土应根据塑性图（见图 1-2）分类。塑性图的横坐标为土的液限（ω_L），纵坐标为塑性指数（I_P）。塑性图中有 A、B 两条界限线。

①A 线方程式：$I_P = 0.73(\omega_L - 20)$。$A$ 线上侧为黏土，下侧为粉土。

②B 线方程式：$\omega_L = 50\%$。$\omega_L \geq 50\%$为高液限，$\omega_L < 50\%$为低液限。

（4）细粒土应按塑性图中的位置确定土的类别，并按表 1-7 分类和定名。

表 1-7　细粒土的分类

土的塑性指标在塑性图（见图 1-2）中的位置		土代号	土名称
塑性指数（I_P）	液限（ω_L）		
$I_P \geq 0.73(\omega_L - 20)$ 和 $I_P \geq 7$	$\omega_L \geq 50\%$	CH	高液限黏土
	$\omega_L < 50\%$	CL	低液限黏土
$I_P < 0.73(\omega_L - 20)$ 或 $I_P < 4$	$\omega_L \geq 50\%$	MH	高液限粉土
	$\omega_L < 50\%$	ML	低液限粉土

（5）含粗粒土的细粒土先按表 1-7 规定确定细粒土的名称，再按下列规定最终定名。

①粗粒中砾粒占优势，称含砾细粒土，应在细粒土名代号后缀以代号 G。

示例：CHG——含砾高液限黏土；MLG——含砾低液限粉土。

②粗粒中砂粒占优势，称含砂细粒土，应在细粒土名代号后缀以代号 S。

示例：CHS——含砂高液限黏土；MLS——含砂低液限粉土。

（6）有机土可按表 1-7 规定划分定名，在各相应土类代号之后缀以代号 O。

示例：CHO——有机质高液限黏土；MLO——有机质低液限粉土。

第 2 部分　常规试验

2.1　含水率试验

2.1.1　定义和适用范围

(1)土的含水率是试验土样在 105~110 ℃下烘至恒量时所失去的水质量和达恒量后干土质量的比值,以百分数表示。

(2)本试验以烘干法为室内试验的标准方法。在野外当无烘箱设备或要求快速测定含水率时,可用酒精燃烧法测定细粒土的含水率。

(3)土的有机质含量不宜大于干土质量的 5%,当土中有机质含量为 5%~10%时,仍允许采用本方法进行试验,但应注明有机质含量。

2.1.2　烘干法

2.1.2.1　仪器设备

(1)烘箱:可用电热烘箱或温度能保持在 105~110 ℃的其他能源烘箱。

(2)电子天平:称量 200 g,分度值 0.01 g。

(3)电子台秤:称量 5 000 g,分度值 1 g。

(4)其他:称量盒(铝盒)、干燥器、取土刀、匙等。

2.1.2.2　操作步骤

(1)取代表性试样:细粒土 15~30 g,砂类土 50~100 g,放入称量盒内,立即盖好盒盖,称量湿土重。

(2)揭开盒盖,将试样连盒放入烘箱,在温度为 105~110 ℃下烘至恒量。烘干时间对黏质土不少于 8 h,砂类土不少于 6 h;对含有机质 5%~10%的土,应将温度控制在 65~70 ℃的恒温下烘至恒量。

(3)将烘干后的试样连盒取出,盖好盒盖放入干燥器内冷却至室温,称干土质量。

(4)本试验称量应准确至 0.01 g。

(5)按下式计算含水率:

$$\omega = \left(\frac{m}{m_d} - 1\right) \times 100 \tag{2-1}$$

式中　ω——含水率(%);

m——湿土质量,g;

m_d——干土质量,g。

计算至 0.1%。

(6)本试验需进行 2 次平行测定,取其算术平均值,允许平行差值应符合表 2-1 的规定。

表 2-1　含水率测定的允许平行差值

含水率/%	允许平行差值/%
<10	±0.5
10~40	±1.0
>40	±2.0

2.1.2.3　记录

本试验记录格式见第 3 部分。

2.1.3　酒精燃烧法

2.1.3.1　仪器设备

(1)电子天平:称量 200 g,分度值 0.01 g。

(2)酒精:纯度不得小于 95%。

(3)其他:称量盒(铝盒)、滴管、火柴、调土刀等。

2.1.3.2　操作步骤

(1)取代表性试样(黏质土 5~10 g,砂质土 20~30 g),放入称量盒内,立即盖好盒盖,称量湿土质量。

(2)用滴管将酒精注入放有试样的称量盒中,直至盒中出现自由液面。为使酒精在试样中充分混合均匀,可将盒底在桌面上轻轻敲击。

(3)点燃酒精盒,烧至火焰熄灭。

(4)将试样冷却数分钟,按步骤(2)(3)再重复燃烧 2 次。当第 3 次火焰熄灭后,立即盖好盒盖,待冷却后称干土质量。

(5)应准确至 0.01 g。

(6)本试验需进行 2 次平行测定,计算方法及允许平行差值见表 2-1。

2.1.3.3　记录

本试验记录格式见第 3 部分。

2.2　土的密度试验

2.2.1　定义和适用范围

(1)土的密度是土的单位体积质量。土的密度有湿密度(ρ)和干密度(ρ_d)。

(2)本试验对于细粒土,宜采用环刀法。土样易碎裂,难以切割时,可用蜡封法。

2.2.2　环刀法

2.2.2.1　仪器设备

(1)环刀:尺寸参数应符合《岩土工程仪器基本参数及通用技术条件》(GB/T 15406—2007)的规定。

(2)天平:称量 500 g,分度值 0.1 g;称量 200 g,分度值 0.01 g。

(3)其他:切土刀、钢丝锯、凡士林等。

2.2.2.2　操作步骤

(1)按工程需要取原状土或制备所需状态的扰动土样,削平其两端,将环刀内壁涂一薄层凡士林,刃口向下放在土样上。

(2)将环刀垂直下压,边压边削环刀外侧的土,直至土样伸出环刀,用切土刀或钢丝锯将两端余土削去修平,取剩余的代表性土样测定含水率。

(3)擦净环刀外壁称量(环刀+土重),测出土重,准确至 0.1 g。

(4)按下面的公式计算土的湿密度和干密度:

$$\rho = \frac{m}{V} \tag{2-2}$$

$$\rho_d = \frac{\rho}{1 + 0.01\omega} \tag{2-3}$$

式中　ρ——土的湿密度,g/cm³;

ρ_d——土的干密度,g/cm³;

m——土的质量,g;

V——环刀容积,cm³;

ω——含水率(%)。

计算至 0.01 g/cm³。

(5)本试验需进行 2 次平行测定,其最大允许平行差值应为±0.03 g/cm³,取其算术平均值。

2.2.2.3　记录

本试验记录格式见第 3 部分。

2.2.3　蜡封法

2.2.3.1　仪器设备

(1)蜡封设备:应附熔蜡加热器。

(2)天平:称量 500 g,分度值 0.1 g;称量 200 g,分度值 0.01 g。

2.2.3.2　蜡封法试验步骤

(1)切取约 30 cm³ 的试样。削去松浮表土及尖锐棱角后,系于细线上称量,准确至 0.01 g,取代表性试样测定含水率。

(2)持线将试样徐徐浸入刚过熔点的蜡中,待全部沉浸后,立即将试样提出。检查涂在试样四周的蜡中有无气泡存在。当有气泡时,应用热针刺破,并涂平孔口。冷却后称蜡封试样质量，准确至 0.1 g。

(3)用线将试样吊在天平(见图 2-1)一端，并使试样浸没于纯水中称量，准确至 0.1 g。测记纯水的温度。

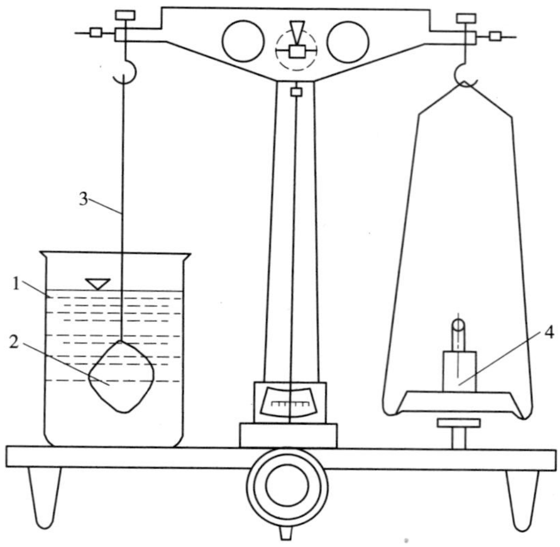

1—盛水杯；2—蜡封试样；3—细线；4—砝码。

图 2-1　天平

(4)取出试样。擦干蜡表面的水分，用天平称量蜡封试样，准确至 0.1 g。当试样质量增加时，应另取试样重新做试验。

(5)湿密度及干密度应按下列公式计算，计算至 0.01 g/cm^3：

$$\rho = \frac{m_0}{\dfrac{m_n - m_{nw}}{\rho_{wT}} - \dfrac{m_n - m_0}{\rho_n}} \tag{2-4}$$

$$\rho_d = \frac{\rho}{1 + 0.01\omega} \tag{2-5}$$

式中　m_0——风干土质量(或天然湿土质量)，g；

m_n——试样加蜡质量，g；

m_{nw}——试样加蜡在水中质量，g；

ρ_{wT}——纯水在 T ℃时的密度，g/cm^3，准确至 0.01 g/cm^3；

ρ_n——蜡的密度，g/cm^3，准确至 0.01 g/cm^3。

(6)本试验应进行 2 次平行测定，其最大允许平行差值应为±0.03 g/cm^3。试验结果取其算术平均值。

2.2.3.3　记录

本试验记录格式见第 3 部分。

2.3 颗粒分析试验

2.3.1 目的和适用范围

(1)颗粒分析试验是测定干土中各种粒组所占该土总质量百分数的方法,借以了解颗粒大小分布情况,供土的分类及概略判断土的工程性质及选料之用。

(2)本试验根据土的颗粒大小及级配情况,分别采用以下四种方法:

①筛析法:适用于粒径为 0.075~60 mm 的土。

②密度计法:适用于粒径小于 0.075 mm 的土。

③移液管法:适用于粒径小于 0.075 mm 的土。

④若土中粗细兼有,则联合使用筛析法及密度计法或筛析法及移液管法。

2.3.2 筛析法

2.3.2.1 仪器设备

(1)试验筛。

①粗筛:圆孔。孔径为 60 mm、40 mm、20 mm、10 mm、5 mm、2 mm。

②细筛:圆孔。孔径为 2 mm、1 mm、0.5 mm、0.25 mm、0.1 mm、0.075 mm。

(2)天平:称量 1 000 g,分度值 0.1 g;称量 200 g,分度值 0.01 g。

(3)台称:称量 5 kg,分度值 1 g。

(4)振筛机。

(5)其他:烘箱、量筒、漏斗、瓷杯、研钵(附带橡皮头研杵)、瓷盘、毛刷、匙、木碾等。

2.3.2.2 操作步骤

1. 风干、松散的土样

从风干、松散的土样中,用四分法按下列规定取出代表性试样:

(1)粒径小于 2 mm 的土取 100~300 g。

(2)最大粒径小于 10 mm 的土取 300~1 000 g。

(3)最大粒径小于 20 mm 的土取 1 000~2 000 g。

(4)最大粒径小于 40 mm 的土取 2 000~4 000 g。

(5)最大粒径小于 60 mm 的土取 4 000 g 以上。

2. 砂砾土

(1)按上述规定数量取出试样,称量准确至 0.1 g;当试样质量多于 500 g 时,应准确至 1 g。

(2)将试样过孔径为 2 mm 的细筛,分别称出筛上和筛下土质量。

(3)取 2 mm 筛上试样倒入依次叠好的粗筛的最上层筛中、取 2 mm 筛下试样倒入依次叠好的细筛的最上层筛中进行筛析。细筛宜放在振筛机上振摇,振摇时间为 10~15 min。

(4)由最大孔径筛开始,顺序将各筛取下,在白纸上用手轻扣摇晃,如仍有土粒漏下,应继续轻扣摇晃,直至无土粒漏下。漏下的土粒应全部放入下级筛内。同时将留在各筛上的试样分别称量,准确至 0.1 g。

(5)各细筛上及底盘内土质量总和与筛前所取 2 mm 筛下试样质量之差不得大于 1%。

(6)各粗筛上及底盘内土质量总和与试样质量之差不得大于 1%。

(7)2 mm 筛下的土,如小于试样总质量的 10%,则可省略细筛筛析。2 mm 筛上的土,如小于试样总质量的 10%,则可省略粗筛筛析。

3. 含有黏土粒的砂砾土

(1)将土样放在橡皮板上用木碾将黏结的土团充分碾散,用四分法按本试验"1. 风干、松散的土样"规定称取代表性试样,置于盛有清水的瓷盆中,用搅棒搅拌,使试样充分浸润和粗细颗粒分离。

(2)将浸润后的混合液过 2 mm 细筛,边搅拌、边冲洗、边过筛,直至筛上仅留大于 2 mm 的土粒。然后将筛上的土风干称重,准确至 0.1 g。按本试验"2. 砂砾土"规定进行粗筛筛析。

(3)用带橡皮头的研杵研磨粒径小于 2 mm 的混合液,稍沉淀,将上部悬液过 0.075 mm 筛。再向瓷盘加清水研磨,静置过筛。如此反复,直至盘内悬液澄清。最后将全部土料倒在 0.075 mm 筛上,用水冲洗,直至筛上仅留大于 0.075 mm 的净沙。

(4)将粒径大于 0.075 mm 的净沙烘干称量,准确至 0.01 g,并按本试验"2. 砂砾土"规定进行细筛筛析。

(5)将粒径大于 2 mm 和 2~0.075 mm 土的质量从原取土总质量中减去,即得径粒小于 0.075 mm 颗粒土的质量。

(6)当粒径小于 0.075 mm 的试样质量大于总质量的 10%时,应按密度计法或移液管法测定粒径小于 0.075 mm 的颗粒组成。

2.3.2.3　计算及制图

1. 计算

按下式计算小于某粒径的试样质量占试样总质量的百分数:

$$x = \frac{m_A}{m_B} d_x \tag{2-6}$$

式中　x——小于某粒径的试样质量占试样总质量的百分数(%);

m_A——小于某粒径的试样质量,g;

m_B——当细筛分析时或用密度计法分析时所取试样质量(粗筛分析时则为试样总质量),g;

d_x——粒径小于 2 mm 或粒径小于 0.075 mm 的试样质量占总质量的百分数,如试样中无大于 2 mm 粒径或无小于 0.075 mm 的粒径,在计算粗筛分析时则 $d_x = 100\%$。

2. 绘制颗粒大小分布曲线

以小于某粒径的试样质量占试样总质量的百分数为纵坐标,以粒径(mm)在对数横坐标上进行绘制,求出各粒组的颗粒质量百分数。如第 1 部分图 1-1 所示。

3. 必要时计算级配指标

（1）按下式计算不均匀系数：

$$C_u = \frac{d_{60}}{d_{10}} \tag{2-7}$$

式中 C_u——不均匀系数；

d_{60}——限制粒径，在粒径分布曲线上小于该粒径的土含量占总土质量 60%的粒径；

d_{10}——有效粒径，在粒径分布曲线上小于该粒径的土含量占总土质量 10%的粒径。

（2）按下式计算曲率系数：

$$C_c = \frac{{d_{30}}^2}{d_{10}d_{60}} \tag{2-8}$$

式中 C_c——曲率系数；

d_{30}——在粒径分布曲线上小于该粒径的土含量占总土质量 30%的粒径；

其余符号意义同前。

2.3.3 密度计法

2.3.3.1 仪器设备

（1）甲种密度计：刻度单位以 20 ℃时每 1 000 mL 悬液内所含土质量的克数表示，刻度为-5~50，分度值为 0.5。

（2）乙种密度计：刻度单位以 20 ℃时悬液的比重表示，刻度为 0.995~1.020，分度值为 0.000 2。

（3）量筒：高约 45 cm，直径 6 cm，容积 1 000 mL。刻度为 0~1 000 mL，分度值为 10 mL。

（4）试验筛。

①细筛：孔径 2 mm、1 mm、0.5 mm、0.25 mm、0.15 mm。

②洗筛：孔径 0.075 mm。

（5）天平：称量 1 000 g，分度值 0.1 g；称量 500 g，分度值 0.01 g；称量 200 g，分度值 0.001 g 三种。

（6）温度计：刻度 0~50 ℃，分度值 0.5 ℃。

（7）洗筛漏斗：直径略大于洗筛直径，使洗筛恰可套入漏斗中。

（8）搅拌器：轮径 50 mm，孔径约 3 mm，杆长 400 mm，带旋转叶。

（9）煮沸设备：附冷凝管。

（10）其他：秒表、锥形瓶、研钵、木杵、电导率仪等。

2.3.3.2 试剂

（1）分散剂：浓度 6%双氧水，1%硅酸钠，4%六偏磷酸钠。

（2）水溶盐检验试剂：10%盐酸，5%氯化钡，10%硝酸，5%硝酸银。

2.3.3.3　**操作步骤**

(1)宜采用风干土试样,并按下式计算试样干质量为 30 g 时所需的风干土质量。

$$m = m_d(1 + 0.01\omega) \tag{2-9}$$

式中　m——风干土质量,g;

m_d——试样干土质量,g;

ω——风干土含水率(%)。

(2)试样中易溶盐含量大于总质量的 0.5%时,应洗盐。易溶盐含量检验可用电导法或目测法。

①电导法。按电导率仪使用说明书操作,测定温度 T ℃时试样溶液(土水比为 1:5)的电导率,并按下式计算 20 ℃时的电导率:

$$k_{20} = \frac{k_T}{1 + 0.02(T - 20)} \tag{2-10}$$

式中　k_{20}——20 ℃时悬液的电导率,μS/cm;

k_T——T ℃时悬液的电导率,μS/cm;

T——测定时悬液的温度,℃。

当 k_{20} 大于 1 000 μS/cm 时,应洗盐。

②目测法。取风干土试样 3 g 置于烧杯中,加适当纯水调成糊状研散,再加纯水 25 mL 煮沸 10 min 冷却后移入试管中,放置过夜,观察试管,当出现凝聚现象时应洗盐。

(3)洗盐步骤如下:

①将分析用的试样放入调土杯内,注入少量蒸馏水,拌和均匀。迅速倒入贴有滤纸的漏斗中,并注入蒸馏水冲洗过滤。附在调土杯上的土粒全部洗入漏斗。若发现滤液浑浊,须重新过滤。

②应经常使漏斗内的液面保持高出土面约 5 cm。每次加水后,须用表面皿盖住漏斗。

③检查易溶盐清洗程度,可用 2 个试管各取刚滤下的滤液 3~5 mL,一管加入 3~5 滴 10%氯化钠和 5%氯化钡,另取一管加入 3~5 滴 10%硝酸和 5%硝酸银。若发现一管中有白色沉淀,则证明土中的易溶盐仍未洗净,应继续清洗,直至检查时试管中不再发现白色沉淀。

④洗盐后将漏斗中的土样仔细洗下,风干试样。

(4)称干质量为 30 g 的风干试样倒入锥形瓶中,勿使土粒丢失。注入水 200 mL,浸泡过夜。

(5)将锥形瓶放在煮沸设备上,连接冷凝管进行煮沸。一般煮沸时间为 1 h。

(6)将冷却后的悬液倒入瓷杯中,静置约 1 min,将上部悬液倒入量筒。杯底沉淀物用橡皮头研杵细心研散,加水,经搅拌后,静置约 1 min,再将上部悬液倒入量筒。如此反复操作,直至杯内悬液澄清。当土中大于 0.075 mm 的颗粒估计超过试样总质量的 15%时,应将其全部倒至 0.075 mm 筛上冲洗,直至筛上仅留大于 0.075 mm 的颗粒。

(7)将留在洗筛上的颗粒洗入蒸发皿内,倒去上部清水,烘干称量,然后按2.3.2.2条中的相关规定进行细筛筛析。

(8)将过筛悬液倒入量筒中,加4%浓度的六偏磷酸钠溶液约10 mL于量筒溶液中,再注入纯水,使筒内悬液达1 000 mL(对加入六偏磷酸钠后产生凝聚的土,应选用其他分散剂)。

(9)用搅拌器在量筒内沿整个悬液深度上下搅拌约1 min,往复各约30次,搅拌时勿使悬液溅出筒外。使悬液内土粒均匀分布。

(10)取出搅拌器,将密度计放入悬液中同时开动秒表。测经过0.5 min、1 min、2 min、5 min、30 min、60 min、120 min、180 min和1 440 min时的密度计读数。根据试样情况或实际需要,可增加密度计读数或缩短最后一次读数的时间。

(11)每次读数时均应在预定时间前10~20 s将密度计小心放入悬液接近读数的深度,并须注意密度计浮泡应保持在量筒中部位置,不得贴紧筒壁。

(12)密度计读数均以弯液面上缘为准。甲种密度计应准确至0.5,乙种密度计应准确至0.000 2。每次读数完毕后应立即取出密度计放入盛有纯水的量筒中。同时测定相应的悬液温度,准确至0.5 ℃。放入或取出密度计时,应尽量减少悬液的扰动。

(13)如试样在分析前未过0.075 mm洗筛,而在密度计第1个读数时,发现下沉的土粒已超过试样总质量的15%,则应于试验结束后,将量筒中土粒过0.075 mm筛,然后按"(7)"规定求得粒径大于0.075 mm的颗粒组成。

2.3.3.4 计算和制图

(1)按下列公式计算小于某粒径的试样质量占试样总质量的百分数。

①甲种密度计:

$$X = \frac{100}{m_d} C_s (R + m_T + n - C_d) \tag{2-11}$$

$$C_s = \frac{\rho_s}{\rho_s - \rho_{w20}} \times \frac{2.65 - \rho_{w20}}{2.65} \tag{2-12}$$

式中 X——小于某粒径的土质量百分数(%);

m_d——试样干土质量,g;

C_s——土粒比重校正值,查表2-2或按式(2-12)计算;

n——弯液面校正值;

ρ_s——土粒密度,g/cm^3;

ρ_{w20}——20 ℃时水的密度,g/cm^3;

m_T——温度校正值,查表2-3;

C_d——分散剂校正值;

R——甲种密度计读数。

②乙种密度计:

$$X = \frac{100V}{m_d} C'_s [(R' - 1) + m'_t + n' - C'_d] \rho_{w20} \tag{2-13}$$

$$C'_s=\frac{\rho_s}{\rho_s-\rho_{w20}} \tag{2-14}$$

式中　V——悬液体积，取 1 000 mL；

m_d——试样干土质量，g；

C'_s——土粒比重校正值，查表 2-2 或按式(2-14)计算；

n'——弯液面校正值；

ρ_s——土粒密度，g/cm^3；

ρ_{w20}——20 ℃时水的密度，g/cm^3；

m'_t——温度校正值，查表 2-3；

C'_d——分散剂校正值；

R'——乙种密度计读数。

(2)按下列公式计算颗粒直径。

$$d=\sqrt{\frac{1\ 800\times10^4\eta}{(G_s-G_{wT})\rho_{w0}g}\cdot\frac{L}{t}} \tag{2-15}$$

式中　d——颗粒直径，mm；

ρ_{w0}——4 ℃时水的密度，g/cm^3；

η——水的动力黏滞系数，10^{-6} kPa·s；

G_s——土粒比重；

G_{wT}——温度为 T ℃时水的比重；

L——某一时间 t 内的土粒沉降距离；

g——重力加速度，981 cm/s^2；

t——沉降时间，s。

为了简化计算，粒径计算公式可写成：

$$d=K\sqrt{\frac{L}{t}} \tag{2-16}$$

式中　K——粒径计算系数，$K=\sqrt{\frac{1\ 800\times10^4\eta}{(G_s-G_{wT})\rho_{w0}g}}$，与悬液温度和土粒比重有关，其值可查表 2-4 求得(由实验室提供)。

(3)用小于某粒径的土质量百分数为纵坐标，以颗粒直径(mm)在对数横坐标上，绘制颗粒大小分布曲线。如是与筛析法联合分析，应将两段曲线绘成一平滑曲线，如图 1-1 所示。

2.3.3.5　记录

本试验记录格式见第 3 部分。

2.3.3.6　附表

土粒比重校正值见表 2-2。

表 2-2　土粒比重校正值

土粒比重	甲种密度计比重校正值 C_s	乙种密度计比重校正值 C_s'	土粒比重	甲种密度计比重校正值 C_s	乙种密度计比重校正值 C_s'
2.50	1.038	1.666	2.70	0.989	1.588
2.52	1.032	1.658	2.72	0.985	1.581
2.54	1.027	1.649	2.74	0.981	1.575
2.56	1.022	1.641	2.76	0.977	1.568
2.58	1.017	1.632	2.78	0.973	1.562
2.60	1.012	1.625	2.80	0.969	1.556
2.62	1.007	1.617	2.82	0.965	1.549
2.64	1.002	1.609	2.84	0.961	1.543
2.66	0.998	1.603	2.86	0.958	1.538
2.68	0.993	1.595	2.88	0.954	1.532

温度校正值见表 2-3。

表 2-3　温度校正值

悬液温度/℃	甲种密度计温度校正值 m_t'	乙种密度计温度校正值 m_t'	悬液温度/℃	甲种密度计温度校正值 m_t	乙种密度计温度校正值 m_t'
10.0	−2.0	−0.001 2	20.0	0.0	+0.000 0
10.5	−1.9	−0.001 2	20.5	+0.1	+0.000 1
11.0	−1.9	−0.001 2	21.0	+0.3	+0.000 2
11.5	−1.8	−0.001 1	21.5	+0.5	+0.000 3
12.0	−1.8	−0.001 1	22.0	+0.6	+0.000 4
12.5	−1.7	−0.001 0	22.5	+0.8	+0.000 5
13.0	−1.6	−0.001 0	23.0	+0.9	+0.000 6
13.5	−1.5	−0.000 9	23.5	+1.1	+0.000 7
14.0	−1.4	−0.000 9	24.0	+1.3	+0.000 8
14.5	−1.3	−0.000 8	24.5	+1.5	+0.000 9
15.0	−1.2	−0.000 8	25.0	+1.7	+0.001 0
15.5	−1.1	−0.000 7	25.5	+1.9	+0.001 1
16.0	−1.0	−0.000 6	26.0	+2.1	+0.001 3
16.5	−0.9	−0.000 6	26.5	+2.2	+0.001 4
17.0	−0.8	−0.000 5	27.0	+2.5	+0.001 5
17.5	−0.7	−0.000 4	27.5	+2.6	+0.001 6
18.0	−0.5	−0.000 3	28.0	+2.9	+0.001 8
18.5	−0.4	−0.000 3	28.5	+3.1	+0.001 9
19.0	−0.3	−0.000 2	29.0	+3.3	+0.002 1
19.5	−0.1	−0.000 1	29.5	+3.5	+0.002 2
20.0	−0.0	−0.000 0	30.0	+3.7	+0.002 3

粒径计算系数 K 值见表 2-4。

表 2-4　粒径计算系数 K 值

温度/℃	土粒比重 G_s								
	2. 45	2. 50	2. 55	2. 60	2. 65	2. 70	2. 75	2. 80	2. 85
5	0. 138 5	0. 136 0	0. 133 9	0. 131 8	0. 129 8	0. 127 9	0. 126 1	0. 124 3	0. 122 6
6	0. 136 5	0. 134 2	0. 132 0	0. 129 9	0. 128 0	0. 126 1	0. 124 3	0. 122 5	0. 120 8
7	0. 134 4	0. 132 1	0. 130 0	0. 128 0	0. 126 0	0. 124 1	0. 122 4	0. 120 6	0. 118 9
8	0. 132 4	0. 130 2	0. 128 1	0. 126 0	0. 124 1	0. 122 3	0. 120 5	0. 118 8	0. 118 2
9	0. 130 5	0. 128 3	0. 126 2	0. 124 2	0. 122 4	0. 120 5	0. 118 7	0. 117 1	0. 116 4
10	0. 128 8	0. 126 7	0. 124 7	0. 122 7	0. 120 8	0. 118 9	0. 117 3	0. 115 6	0. 114 1
11	0. 127 0	0. 124 9	0. 122 9	0. 120 9	0. 119 0	0. 117 3	0. 115 6	0. 114 0	0. 112 4
12	0. 125 3	0. 123 2	0. 121 2	0. 119 3	0. 117 5	0. 115 7	0. 114 0	0. 112 4	0. 110 9
13	0. 123 5	0. 121 4	0. 119 5	0. 117 5	0. 115 8	0. 114 1	0. 112 4	0. 110 9	0. 100 4
14	0. 122 1	0. 120 0	0. 118 0	0. 116 2	0. 114 9	0. 112 7	0. 111 1	0. 109 5	0. 100 0
15	0. 120 5	0. 118 4	0. 116 5	0. 114 8	0. 113 0	0. 111 3	0. 109 6	0. 108 1	0. 106 7
16	0. 118 9	0. 116 9	0. 115 0	0. 113 2	0. 111 5	0. 109 8	0. 108 3	0. 106 7	0. 105 3
17	0. 117 3	0. 115 4	0. 113 5	0. 111 8	0. 110 0	0. 108 5	0. 106 9	0. 104 7	0. 103 9
18	0. 115 9	0. 114 0	0. 112 1	0. 110 3	0. 108 6	0. 107 1	0. 105 5	0. 104 0	0. 102 6
19	0. 114 5	0. 112 5	0. 110 8	0. 109 0	0. 107 3	0. 105 8	0. 103 1	0. 108 8	0. 101 4
20	0. 113 0	0. 111 1	0. 109 3	0. 107 5	0. 105 9	0. 104 3	0. 102 9	0. 101 4	0. 100 0
21	0. 111 8	0. 109 9	0. 108 1	0. 106 4	0. 104 3	0. 103 3	0. 101 8	0. 100 3	0. 099 0
22	0. 110 3	0. 108 5	0. 106 7	0. 105 0	0. 103 5	0. 101 9	0. 100 4	0. 099 0	0. 097 67
23	0. 109 1	0. 107 2	0. 105 5	0. 103 8	0. 102 3	0. 100 7	0. 099 30	0. 097 93	0. 096 59
24	0. 107 8	0. 106 1	0. 104 4	0. 102 8	0. 101 2	0. 099 70	0. 098 23	0. 096 00	0. 095 55
25	0. 106 5	0. 104 7	0. 103 1	0. 101 4	0. 099 90	0. 098 39	0. 097 01	0. 095 66	0. 094 34
26	0. 105 4	0. 103 5	0. 101 9	0. 100 3	0. 098 97	0. 097 31	0. 095 92	0. 094 55	0. 093 27
27	0. 104 1	0. 102 4	0. 100 7	0. 099 15	0. 097 67	0. 096 23	0. 094 82	0. 093 49	0. 092 25
28	0. 103 2	0. 101 4	0. 099 75	0. 098 18	0. 096 70	0. 095 29	0. 093 91	0. 092 57	0. 091 32
29	0. 101 9	0. 100 2	0. 098 59	0. 097 06	0. 095 55	0. 094 13	0. 092 79	0. 091 44	0. 090 28
30	0. 100 8	0. 099 10	0. 097 52	0. 095 97	0. 094 50	0. 093 11	0. 091 76	0. 090 50	0. 089 27

2.4 比重试验

2.4.1 定义和适用范围

土的颗粒比重是土在 105~110 ℃下烘至恒值时的质量与土粒同体积 4 ℃纯水质量的比值。

(1)按照土粒粒径不同,分别用下列方法进行比重测定。

①粒径小于 5 mm 的土,用比重瓶法进行。

②粒径不小于 5 mm 的土,且其中含粒径大于 20 mm 的颗粒含量小于 10%时,用浮称法进行;含粒径大于 20 mm 的颗粒含量不小于 10%时,用虹吸筒法进行。

(2)一般土粒的比重用纯水测定,对含有可溶盐、亲水性胶体或有机质的土,需用中性液体(如煤油)测定。

2.4.2 比重瓶法

2.4.2.1 仪器设备

(1)比重瓶:容量 100(或 50)mL,分长颈和短颈两种。

(2)天平:称量 200 g,分度值 0.001 g。

(3)恒温水槽:最大允许误差应为±1 ℃。

(4)电砂浴:能调节温度。

(5)真空抽气设备:真空度−98 kPa。

(6)温度计。测量范围 0~50 ℃,分度值 0.5 ℃。

(7)其他:如烘箱、纯水、中性液体(如煤油等)、孔径 2 mm 及 5 mm 筛、漏斗、滴管等。

2.4.2.2 操作步骤

(1)将比重瓶烘干,装烘干土 15 g 入 100 mL 比重瓶内(若用 50 mL 比重瓶,则装烘干土 12 g)称量。

(2)为排除土中的空气,将已装有干土的比重瓶,注纯水至瓶的一半处,摇动比重瓶,并将瓶放在电砂浴上煮沸,煮沸时间自悬液沸腾时算起,砂及砂质粉土不应少于 30 min,黏土及粉质黏土不应少于 1 h。煮沸时应注意不使土液溢出瓶外。

(3)将纯水注入比重瓶,如系长颈比重瓶,注水至略低于瓶的刻度处(以弯液面下缘为准);如系短颈比重瓶,应注水至近满(可将比重瓶放于恒温水槽内)。待瓶内悬液温度稳定及瓶上部悬液澄清。

(4)塞好瓶塞,使多余水分自瓶塞毛细管中溢出,擦干瓶外水分,称瓶、水、土总质量。称量后立即测出瓶内悬液的温度。

(5)根据测得的温度,从已绘制的温度与瓶、水总量关系中查得瓶、水总质量。

(6)本试验称量应准确至 0.001 g。

(7)按下式计算土粒比重(用纯水测定时):

$$G_s = \frac{m_d}{m_1 + m_d - m_2} G_{wt} \tag{2-17}$$

式中　G_s——土粒比重；

m_d——干土质量，g；

m_1——瓶、水总质量，g；

m_2——瓶、水、土总质量，g；

G_{wt}——t ℃时纯水的比重（可查表 2-5），准确至 0.001。

计算至 0.001。

（8）本试验需进行 2 次平行测定，其最大允许平行差值应为±0.02。取其算术平均值。

2.4.2.3　记录

本试验记录格式见第 3 部分。

2.4.3　虹吸筒法

2.4.3.1　仪器设备

（1）虹吸筒：如图 2-2 所示。

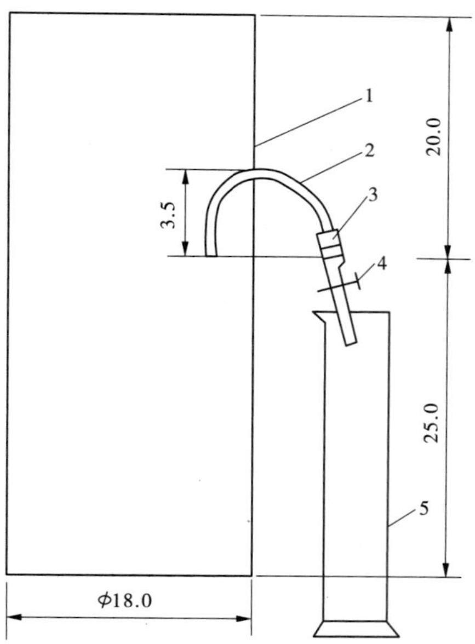

1—虹吸筒；2—虹吸管；3—橡皮管；4—管夹；5—量筒。

图 2-2　虹吸筒　（单位：cm）

（2）台称：称量 10 kg，分度值 1 g。

（3）量筒：容量大于 2 000 mL。

（4）其他：如烘箱、温度计、孔径 5 mm 及 20 mm 筛等。

2.4.3.2　**操作步骤**

(1)取粒径大于 5 mm,且其中大于 20 mm 的颗粒含量大于 10%的代表性试样 1 000～7 000 g。

(2)将试样冲洗干净,直至颗粒表面无尘土和其他污物。

(3)再将试样浸在水中 24 h 后取出,晾干(或用布擦干)其表面水分,称量。

(4)注清水入虹吸筒,至管口有清水溢出时停止注水。待管口不再有水溢出后,关闭管夹,将试样缓缓放入筒中,边放边搅,直至无气泡逸出。搅动时勿使水溅出筒外。

(5)待虹吸筒中水面平静后,打开管夹,让试样排开的水通过虹吸管流入量筒中。

(6)称量筒与水总质量。测量筒内水的温度,准确至 0.5 ℃。

(7)取出虹吸筒内试样,烘干、称量。

(8)本试验称量应准确至 1 g。

(9)按下式计算比重:

$$G_s = \frac{m_d}{(m_1 - m_0) - (m - m_d)} G_{wt} \tag{2-18}$$

式中　G_s——土粒比重;

m_d——干土质量,g;

m_1——量筒加水总质量,g;

m_0——量筒质量,g;

m——晾干试样质量,g;

G_{wt}——t ℃时纯水的比重(可查表 2-5),准确至 0.001。

计算至 0.001。

(10)本试验进行 2 次平行测定,其平行差值不得大于±0.02。取其算术平均值。

(11)按下式计算土粒平均比重:

$$G_s = \frac{1}{\dfrac{p_1}{G_{s1}} + \dfrac{p_2}{G_{s2}}} \tag{2-19}$$

式中　G_{s1}——粒径大于 5 mm 土粒的比重;

G_{s2}——粒径小于 5 mm 土粒的比重;

p_1——粒径大于 5 mm 土粒占总质量的百分数;

p_2——粒径小于 5 mm 土粒占总质量的百分数。

计算至 0.001。

2.4.3.3　**记录**

本试验记录格式见第 3 部分。

纯水比重值见表 2-5。

表 2-5　纯水比重值

温度/℃	温度递增值/℃									
	0	0.1	0.2	0.3	0.4	0.5	0.6	0.7	0.8	0.9
10	0.999 728	0.999 719	0.999 710	0.999 701	0.999 692	0.999 682	0.999 672	0.999 663	0.999 653	0.999 645
11	0.999 633	0.999 623	0.999 612	0.999 602	0.999 591	0.999 580	0.999 569	0.999 559	0.999 547	0.999 536
12	0.999 525	0.999 513	0.999 502	0.999 490	0.999 478	0.999 466	0.999 454	0.999 442	0.999 429	0.999 417
13	0.999 404	0.999 391	0.999 378	0.999 366	0.999 352	0.999 339	0.999 326	0.999 312	0.999 299	0.999 285
14	0.999 271	0.999 257	0.999 243	0.999 229	0.999 215	0.999 200	0.999 186	0.999 171	0.999 156	0.999 142
15	0.999 127	0.999 111	0.999 096	0.999 081	0.999 065	0.999 050	0.999 034	0.999 018	0.999 002	0.998 986
16	0.998 970	0.998 954	0.998 937	0.998 921	0.998 904	0.998 888	0.998 871	0.998 854	0.998 837	0.998 820
17	0.998 802	0.998 785	0.998 767	0.998 750	0.998 732	0.998 714	0.998 696	0.998 678	0.998 660	0.998 642
18	0.998 623	0.998 605	0.998 586	0.998 567	0.998 549	0.998 530	0.998 511	0.998 491	0.998 472	0.998 453
19	0.998 433	0.998 414	0.998 394	0.998 374	0.998 354	0.998 334	0.998 314	0.998 294	0.998 273	0.998 253
20	0.998 232	0.998 212	0.998 191	0.998 170	0.998 149	0.998 128	0.998 107	0.998 086	0.998 064	0.998 043
21	0.998 021	0.997 999	0.997 987	0.997 956	0.997 934	0.997 911	0.997 889	0.997 867	0.997 844	0.997 822
22	0.997 799	0.997 777	0.997 754	0.997 731	0.997 703	0.997 685	0.997 661	0.997 638	0.997 615	0.997 591
23	0.997 567	0.997 544	0.997 520	0.997 496	0.997 472	0.997 448	0.997 424	0.997 399	0.997 375	0.997 350
24	0.997 326	0.997 301	0.997 276	0.997 251	0.997 226	0.997 201	0.997 126	0.997 151	0.997 125	0.997 100
25	0.997 074	0.997 048	0.997 023	0.996 997	0.996 971	0.996 450	0.996 918	0.996 892	0.996 866	0.996 839
26	0.996 813	0.996 786	0.996 759	0.996 733	0.996 706	0.996 679	0.996 652	0.996 624	0.996 597	0.996 570
27	0.996 542	0.996 515	0.996 487	0.996 459	0.996 431	0.996 403	0.996 375	0.996 347	0.996 319	0.996 291

2.5　界限含水率试验

2.5.1　目的和适用范围

细粒土由于含水率不同,分别处于流动状态、可塑状态、半固体状态和固体状态。

本试验的目的是测定细粒土的液限、塑限,划分土类、计算塑性指数,供设计、施工使用。各项含水率的测定按含水率试验的烘干法进行。

本试验适用于粒径小于 0.5 mm 颗粒组成及有机质含量不大于土质量 5%的土。

2.5.2　搓滚法塑限试验

2.5.2.1　**定义**

搓滚法塑限试验是用手掌在毛玻璃板上搓滚土条,当土条直径达 3 mm 时产生裂缝并开裂,此时的土条含水率即为塑限。

2.5.2.2　**仪器设备**

(1)毛玻璃板:约 200 mm×300 mm。

(2)缝隙 3 mm 的模板或直径 3 mm 的金属丝，或卡尺。

(3)天平：称量 200 g，分度值 0.01 g。

(4)其他：烘箱、干燥缸、铝盒、调土刀、筛(孔径 0.5 mm)等。

2.5.2.3 操作步骤

(1)取过 0.5 mm 筛的代表性试样约 100 g，加纯水拌和，浸润静置过夜。

(2)为使试验前试样的含水率接近塑限，可将试样在手中捏揉至不粘手，或用吹风机稍微吹干，然后将试样捏扁，如出现裂缝，表示含水率已接近塑限。

(3)取接近塑限的试样一小块，先用手捏成橄榄形，再用手掌在毛玻璃板上轻轻搓滚。搓滚时手掌均匀施加压力于土条上，不得使土条在毛玻璃板上用力滚动。土条长度不宜超过手掌宽度。在任何情况下，土条不得产生中空现象。

(4)当土条搓成 3 mm 时，产生裂缝，并开始断裂，表示试样达到塑限。若不产生裂缝及断裂，表示这时试样的含水率高于塑限。当土条直径大于 3 mm 时即断裂，表示试样的含水率小于塑限，应弃去，重新取土试验。若土条在任何含水率下始终搓不到 3 mm 即开始断裂，则该土无塑性。

(5)取直径符合 3 mm 断裂土条 3～5 g，放入称量盒内，随即盖紧盒盖，测定含水率。此含水率即为塑限。

2.5.2.4 计算

(1)按下式计算塑限含水率：

$$\omega_{P} = \left(\frac{m}{m_{d}} - 1\right) \times 100 \tag{2-20}$$

式中 ω_P——塑限含水率(%)；

m——湿土质量，g；

m_d——干土质量，g。

计算至 0.1%。

(2)本试验进行 2 次平行测定，其平行差值，高液限土不得大于 2%，低液限土不得大于 1%。

2.5.2.5 记录

本试验记录格式见第 3 部分。

2.5.3 液塑限联合测定法试验

2.5.3.1 本试验所有设备将符合的规定

液塑限联合测定仪(见图 2-3)应包括带标尺的圆锥仪、电磁铁、显示屏、控制开关和试样杯。圆锥仪质量为 76 g，锥角为 30°；读数显示宜采用光电式、游标式和百分表式。

2.5.3.2 操作步骤

(1)取过 0.5 mm 筛的代表性试样约 200 g，分成 3 份，加不同数量纯水拌和接近液限、塑限和两者的中间状态的土膏，放入密封的保湿缸中，浸润静置 24 h。

(2)为使试验前试样的含水率接近液限，可将试样在毛玻璃上调拌均匀(或在调土器

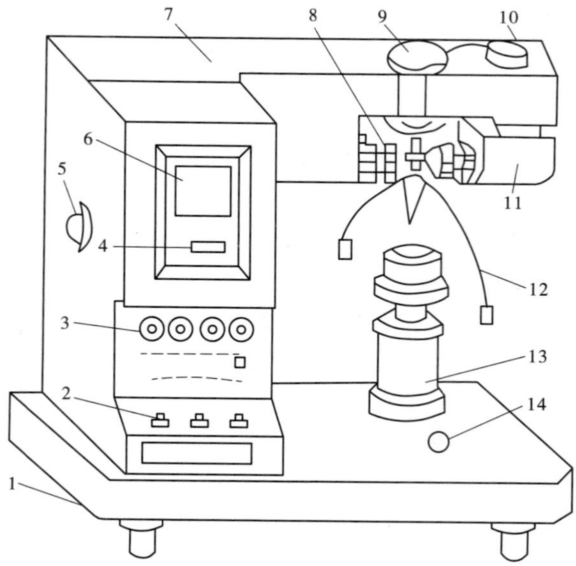

1—水平调节螺丝;2—控制开关;3—指示灯;4—零线调节螺丝;5—反光镜调节螺丝;6—屏幕;7—机壳;8—物镜调节螺丝;9—电磁装置;10—光源调节螺丝;11—光源;12—圆锥仪;13—升降台;14—水平泡。

图 2-3　光电式液塑限联合测定仪示意图

中调拌均匀),至流塑状态。

(3)取调拌均匀的试样分层装入试杯中,不能让其有空隙,装满试杯后刮去余土,并使其与杯口齐平。不能用刀在土面上涂抹,更不能反复涂抹,因为这样会使表层含水率发生变化。

(4)取圆锥仪在锥体上抹薄层润滑油,接通电源,使电磁铁吸稳圆锥区。调节屏幕线,使初读数为零,调节升降座,使圆锥仪接触试样面,松开锥杆,经 5 s 后测读圆锥下沉深度。沉入试杯中土膏的深度恰到锥尖上的刻度线,即 10 mm 处,此时土膏的含水率即为液限含水率。如大于或小于 10 mm,应将杯中的土全部挖出,并去掉有润滑油的土后放在调土器中重新调拌土样,按原方法再进行试验,直到符合要求。用调土刀取锥孔附近不含润滑油的土样 10~15 g,进行烘干后测定其含水率。

2.5.3.4　**计算**

(1)按下式计算液限含水率:

$$\omega_L = \left(\frac{m}{m_d} - 1\right) \times 100 \tag{2-21}$$

式中　ω_L ——液限含水率(%);

m——湿土质量,g;

m_d——干土质量,g。

计算至 0.1%。

(2)应进行 2 次平行测定,取其算术平均值。2 次测定的差值,黏土不得大于 2%,轻亚黏土不得大于 1%。

2.5.3.5 记录

本试验记录格式见第3部分。

2.5.4 成果整理

根据试验成果，计算塑性指数，然后利用图1-2所示塑性图对细粒土进行分类和定名。

(1)以含水率为横坐标，圆锥下沉深度为纵坐标，在双对数坐标纸上绘制关系曲线(见图2-4)。三点连成一直线(图中*A*线)。当三点不在一直线上时，通过高含水率的一点与其余两点连成两条直线，在圆锥下沉深度为2 mm处查得相应的含水率，当两个含水率的差值小于2%时，应以该两点含水率的平均值与高含水率的点连成一直线(图中*B*线)。当两个含水率的差值不小于2%时，应补做试验。

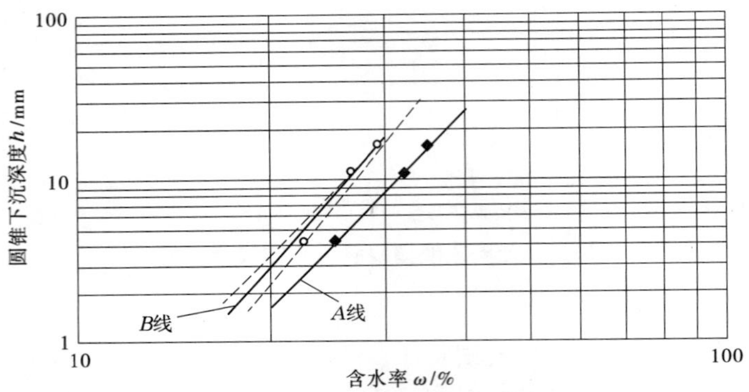

图2-4 圆锥下沉深度与含水率关系曲线

(2)通过圆锥下沉深度与含水率关系曲线，查得下沉深度为17 mm所对应的含水率为液限，下沉深度为10 mm所对应的含水率为10 mm液限；查得下沉深度为2 mm所对应的含水率为塑限，以百分数表示，准确至0.1%。

(3)塑性指数和液性指数应按下列公式计算：

$$I_P = \omega_L - \omega_P \tag{2-22}$$

$$I_L = \frac{\omega_0 - \omega_P}{I_P} \tag{2-23}$$

式中 I_P——塑性指数；

I_L——液性指数，计算至0.01；

ω_0——风干含水率或天然含水率(%)；

ω_P——塑限(%)；

ω_L——液限(%)。

2.6　渗透试验

2.6.1　目的和适用范围

本试验的目的是测定土的渗透系数。

土的渗透系数变化范围很大(10^{-1}~10^{-8} cm/s),渗透系数的测定应采用不同的方法:

(1)变水头渗透试验:适用于细粒土(黏质土和粉质土)。

(2)常水头渗透试验:适用于粗粒土(砂质土)。

2.6.2　变水头渗透试验

2.6.2.1　仪器设备(南 55 型)

(1)渗透容器:由环刀、透水板、套筒及上、下盖组成。

(2)水头装置:变水头管的内径,根据试样渗透系数选择不同尺寸,长度为 1.00 m 以上,分度值为 1.00 mm。

(3)其他:切土器、100 mL 量筒、秒表、削土刀、温度计、凡士林等。

2.6.2.2　操作步骤

(1)根据需要用环刀在垂直或平行土样层面切取原状试样或用扰动土制备成给定密度的试样,并进行充分饱和。切土时,应尽量避免结构扰动,并禁止用削土刀反复涂抹试样表层。

(2)将容器套筒内壁涂一薄层凡士林,然后将盛有试样的环刀推入套筒,并压入止水垫圈。把挤出的多余凡士林小心刮净。装好带有透水板的上、下盖,并用螺丝拧紧,不得漏气、漏水。

(3)把装好试样的渗透容器与水头装置连通。利用供水瓶中的水充满进水管,水头高度根据试样结构的疏松程度确定,不应大于 2 m,待水头稳定后注入渗透容器。开排气阀,将容器侧立,排出渗透容器底部的空气,直至溢出水中无气泡。关排气阀,放平渗透容器。

(4)在一定水头作用下静置一段时间,待出水管口有水溢出时,再开始进行试验测定。

(5)将水头管充水至需要高度后,关止水夹,开动秒表,同时测记起始水头 h_1。经过时间 t 后,再测记终止水头 h_2。如此连续测记 2~3 次后,再使水头管水位回升至需要高度,再连续测记数次,需 5~6 次以上,试验终止,同时测记试验开始时与终止时的水温。

变水头渗透试验装置如图 2-5 所示。

2.6.2.3　计算

(1)按下式计算渗透系数:

$$k_T = 2.3\frac{aL}{At}\lg\frac{h_1}{h_2} \tag{2-24}$$

式中　k_T——水温 T ℃时试样的渗透系数,cm/s;

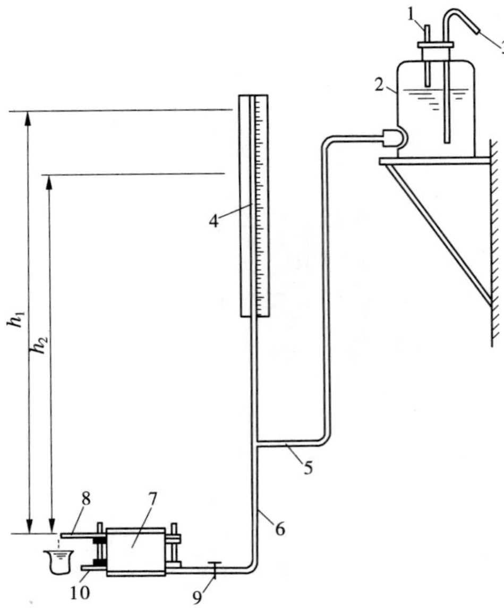

1—排气孔；2—供水瓶；3—接水源；4—水头管；5—止水夹；6—进水管；
7—渗透容器；8—出水管；9—进水管管夹；10—排气管管夹。

图 2-5　变水头渗透试验装置

a——变水头管截面面积，cm^2；

L——渗径，等于试样高度，cm；

h_1——开始时水头，cm；

h_2——终止时水头，cm；

A——试样的断面面积，cm^2；

t——时间，s；

2.3——ln 和 lg 的换算系数。

(2)按下式计算标准温度下的渗透系数：

$$k_{20} = k_T \frac{\eta_T}{\eta_{20}} \tag{2-25}$$

式中　k_{20}——水温为 20 ℃时的渗透系数，cm/s；

η_T——T ℃时水的动力黏滞系数，10^{-6} kPa · s；

η_{20}——20 ℃时水的动力黏滞系数，10^{-6} kPa · s；

$\frac{\eta_T}{\eta_{20}}$——水的动力黏滞系数比(可查表 2-6)。

表 2-6 水的动力黏滞系数、黏滞系数比、温度校正值一览表

温度/℃	动力黏滞系数 $\eta/10^{-6}$ kPa · s	$\frac{\eta_T}{\eta_{20}}$	温度校正系数 T_D	温度/℃	动力黏滞系数 $\eta/10^{-6}$ kPa · s	$\frac{\eta_T}{\eta_{20}}$	温度校正系数 T_D
5.00	1.516	1.501	1.17	17.50	1.074	1.066	1.66
5.50	1.493	1.478	1.19	18.00	1.061	1.050	1.68
6.00	1.470	1.455	1.21	18.50	1.048	1.038	1.70
6.50	1.449	1.435	1.23	19.00	1.035	1.025	1.72
7.00	1.428	1.428	1.25	19.50	1.022	1.012	1.74
7.50	1.407	1.407	1.27	20.00	1.010	1.000	1.76
8.00	1.387	1.387	1.28	20.50	0.998	0.988	1.78
8.50	1.367	1.367	1.30	21.00	0.986	0.976	1.80
9.00	1.347	1.347	1.32	21.50	0.974	0.964	1.83
9.50	1.328	1.328	1.34	22.00	0.963	0.953	1.85
10.00	1.310	1.297	1.36	22.50	0.952	0.943	1.87
10.50	1.292	1.279	1.38	23.00	0.941	0.932	1.89
11.00	1.274	1.261	1.40	24.00	0.919	0.910	1.94
11.50	1.256	1.243	1.42	25.00	0.899	0.890	1.98
12.00	1.239	1.227	1.44	26.00	0.879	0.870	2.03
12.50	1.223	1.211	1.46	27.00	0.859	0.850	2.07
13.00	1.206	1.194	1.48	28.00	0.841	0.833	2.12
13.50	1.188	1.176	1.50	29.00	0.823	0.815	2.16
14.00	1.175	1.163	1.52	30.00	0.806	0.798	2.21
14.50	1.160	1.148	1.54	31.00	0.789	0.781	2.25
15.00	1.144	1.133	1.56	32.00	0.773	0.765	2.30
15.50	1.130	1.119	1.58	33.00	0.757	0.750	2.34
16.00	1.115	1.104	1.60	34.00	0.742	0.735	2.39
16.50	1.101	1.090	1.62	35.00	0.727	0.720	2.43
17.00	1.088	1.077	1.64				

(3)计算该孔隙比的平均渗透系数。

在测得的结果中取 3~4 个在允许差值范围内的数值，求其平均值，作为试样在该孔隙比 e 时的渗透系数（允许差值$\pm 2\times 10^{-n}$ cm/s）。

2.6.2.4　记录

本试验记录格式见第3部分。

2.7　击实试验

2.7.1　目的和适用范围

(1)本试验的目的是用标准击实方法,测定土的密度与含水率的关系,从而确定土的最大干密度与最优含水率。

(2)轻型击实试验适用于粒径小于5 mm的黏性土,其单位体积击实功约为592.2 kJ/m^3;重型击实试验适用于粒径小于20 mm的土,其单位体积击实功约为2 684.9 kJ/m^3。

2.7.2　仪器设备

(1)击实仪:由击实筒、击锤和护筒组成。轻型击实仪锤底直径50 mm,锤质量2.5 kg,落高460 mm;击实筒内径92.15 mm,筒高150 mm,容积1 000 cm^3;护筒高度≥50 mm。

(2)击实仪的击锤应配导筒,击锤与导筒间应有足够的间隙使锤能自由下落。电动操作的击锤必须有控制落距的跟踪装置和控制锤击点按一定角度(轻型53.5°、重型45°)均匀分布的装置。

(3)天平:称量200 g,分度值0.01 g。

(4)台称:称量10 kg,分度值1 g。

(5)标准筛:孔径为20 mm、5 mm。

(6)试样推出器:宜用螺旋式或液压式千斤顶。

(7)其他:如烘箱、喷水设备、碾土设备、盛土器、修土刀和保湿设备等。

2.7.3　操作步骤

2.7.3.1　试样制备

(1)干法制备。取一定量的代表性风干土样(轻型约为20 kg,重型约为50 kg),放在橡皮板上用木碾碾散,并分别按下列方法备样。

轻型击实试验过5 mm筛或20 mm筛,重型过20 mm筛,将筛下土样拌匀,并测定土样的风干含水率。根据土的塑限预估最优含水率,按依次相差约2%的含水率制备一组(不少于5个)试样,其中应有2个含水率大于塑限、2个含水率小于塑限、1个含水率接近塑限。并按下式计算应加水量:

$$m_w = \frac{m}{1 + 0.01\omega_0} \times 0.01(\omega - \omega_0) \tag{2-26}$$

式中　m_w——土样所需加水质量,g;

m——风干含水率时的土样质量,g;

ω_0——风干含水率(%)；

ω——土样所要求的含水率(%)。

将一定量(2.5 kg)的土样平铺于不吸水的盛土盘内，按预定含水率用喷水设备往土样上均匀喷洒所需加水量，拌匀并装入塑料袋内或密封于盛土器内备用。静置时间：高液限黏土(CH)不得少于 24 h；低液限黏土(CL)可酌情缩短，但不应少于 12 h。

(2)湿法制备。取天然含水率的代表性土样碾散，按粒度要求过筛，将筛下土样拌匀，分别风干或加水到所要求的不同含水率。制备试样时必须使土样中含水率分布均匀。

2.7.3.2 试样击实

(1)将击实仪放在坚实的地面上，击实筒内壁和底板涂一薄层润滑油，连接好击实筒与底板，安装好护筒。检查仪器各部件及配套设备的性能是否正常，并做好记录。

(2)从制备好的一份试样中称取一定土料，分 3 层或 5 层倒入击实筒内并将土面整平，分层击实。对于分 3 层击实的轻型击实法，每层土料的质量为 600～800 g(其量应使击实后试样的高度略高于击实筒的 1/3)，每层 25 击。如为手工击实，应保证使击锤自由铅直下落，锤击点必须均匀分布于土面上；如为机械击实，可将定数器拨到所需的击数处，按动电钮进行击实。击实后的每层试样高度应大致相等，两层交接面的土面应刨毛。击实完成后，超出击实筒顶的试样高度应小于 6 mm。

(3)用修土刀沿护筒内壁削挖后，扭动并取下护筒，测出超高。沿击实筒顶细心修平试样，拆除底板。如试样底面超出筒外，亦应修平。擦净筒外壁，称筒加土总重，准确至 1 g。

(4)用推土器从击实筒内推出试样，从试样中心处取 2 份一定量土料(15～30 g)平行测定土的含水率，称量准确至 0.01 g，平行允许差值不得超过±1%。

(5)按同样方法对其他几组含水率的土样进行击实。一般不重复使用土样。

2.7.4 计算及制图

2.7.4.1 计算

(1)按下式计算击实后各试样的含水率：

$$\omega = \left(\frac{m}{m_d} - 1\right) \times 100 \tag{2-27}$$

式中 ω——含水率(%)；

m——湿土质量，g；

m_d——干土质量，g。

(2)按下式计算击实后各试样的干密度：

$$\rho_d = \frac{\rho}{1 + 0.01\omega} \tag{2-28}$$

式中 ρ_d——土的干密度，g/cm^3；

ρ——土的密度，g/cm^3；

ω——含水率(%)。

计算至 0.01 g/cm^3。

(3)按下式计算土的饱和含水率:

$$\omega_{sat} = \left(\frac{\rho_w}{\rho_d} - \frac{1}{G_s}\right) \times 100 \tag{2-29}$$

式中 ω_{sat}——饱和含水率(%);

G_s——土粒比重;

ρ_w——水的密度,数值为 0.998 232 g/cm³,近似计算可取 1 g/cm³。

2.7.4.2 **制图**

(1)绘制击实曲线图(见图 2-6)。以干密度为纵坐标,含水率为横坐标,绘制干密度与含水率的关系曲线。曲线上峰值点的纵、横坐标分别代表土的最大干密度和最优含水率。如果曲线上不能给出峰值点,应进行补点试验。

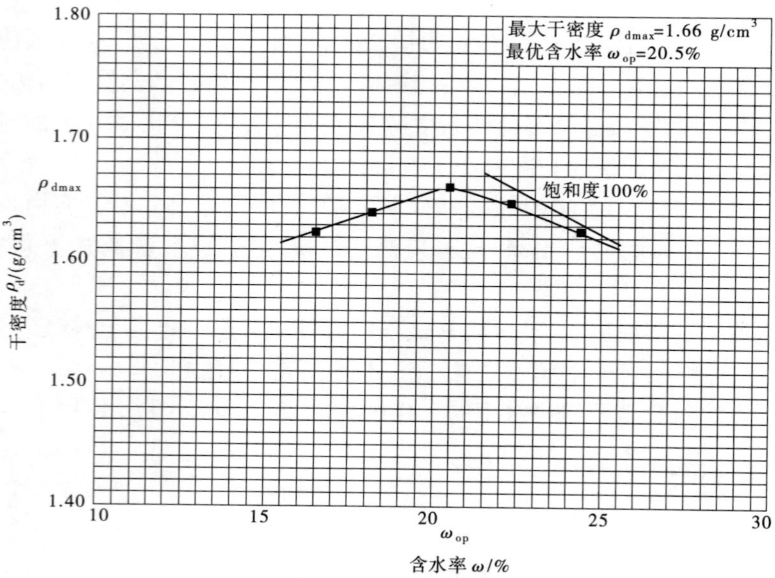

图 2-6 击实特性曲线

(2)按饱和含水率计算公式计算数个干密度下土的饱和含水率。

2.7.4.3 **校正**

(1)轻型击实试验中,当粒径大于 5 mm 的颗粒含量小于 30%时,按下式计算校正后的最大干密度:

$$\rho'_{dmax} = \frac{1}{\dfrac{1-P}{\rho_{dmax}} + \dfrac{P}{G_{s2}\rho_w}} \tag{2-30}$$

式中 ρ'_{dmax}——校正后的最大干密度,g/cm³;

ρ_{dmax}——粒径小于 5 mm 试样的最大干密度,g/cm³;

ρ_w——水的密度,g/cm³;

P——粒径大于 5 mm 颗粒的含量(用小数表示);

G_{s2}——粒径大于 5 mm 颗粒的干比重。

计算至 0.01 g/cm^3。

(2)轻型击实试验中，当粒径大于 5 mm 的颗粒含量小于 30%时，按下式计算校正后的最优含水率：

$$\omega'_{op} = \omega_{op}(1 - P) + P\omega_2 \tag{2-31}$$

式中 ω'_{op}——校正后的最优含水率(%)；

ω_{op}——粒径小于 5 mm 试样的最优含水率(%)；

ω_2——粒径大于 5 mm 颗粒的吸着含水率(%)。

计算至 0.01%。

2.7.5 记录

本试验记录格式见第 3 部分。

2.8 固结试验

2.8.1 目的和适用范围

(1)本试验的目的是测定试样在侧限与轴向排水条件下的变形和压力，或孔隙比和压力的关系、变形和时间的关系，以便计算土的压缩系数 α_v、压缩指数 C_c、回弹指数 C_s、压缩模量 E_s、体积压缩系数 m_v 及原状土的先期固结压力 p_c 等。测定项目视工程需要而定。

(2)本试验适用于饱和的黏质土。当只进行压缩试验时，允许用于非饱和土。对于渗透性较大的细粒土，可进行快速固结试验。

2.8.2 仪器设备

(1)固结容器：由环刀、护环、透水板、加压上盖和量表架等组成，如图 2-7 所示。

(2)加压设备：可采用量程为 5~10 kN 的杠杆式、磅秤式或其他加压设备。

(3)变形测量设备：百分表量程 10 mm，分度值为 0.01 mm，或最大允许误差为±0.2% F.S 的位移传感器。

(4)其他：刮土刀、钢丝锯、天平、秒表等。

2.8.3 试验步骤

(1)根据工程需要，切取原状土试样或制备给定密度与含水率的扰动土试样。按有关规定制备。

(2)测定试样含水率及密度。

(3)在固结容器内放置护环、透水板和薄滤纸，将带有环刀的试样，小心装入护环，然后在试样上放薄滤纸、透水板和加压盖板，置于加压框架下，对准加压框架的正中，安装量表(如试样为饱和土，上、下透水板应事先浸水饱和；对非饱和状态的试样，透水板的湿度应尽量与试样湿度接近)。

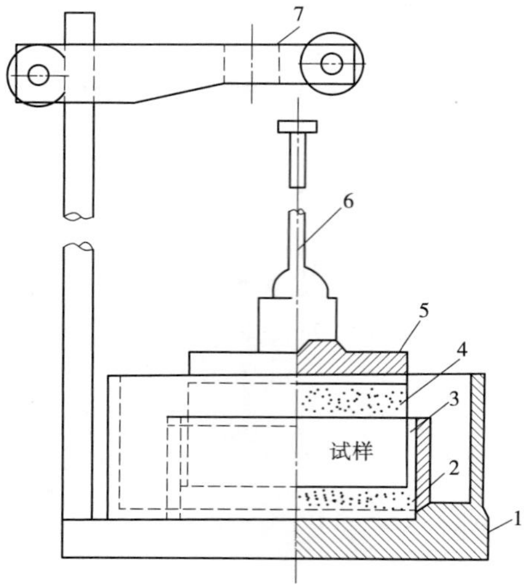

1—水槽;2—护环;3—环刀;4—透水板;5—加压上盖;6—量表导杆;7—量表架。

图 2-7　固结容器示意图

(4)为保证试样与仪器上下各部件之间接触良好,应施加 1 kPa 的预压压力,然后调整量表,使指针读数为零。

(5)确定需要施加的各级压力。加压等级一般为 12.5 kPa、25.0 kPa、50.0 kPa、100 kPa、200 kPa、400 kPa、800 kPa、1 600 kPa、3 200 kPa。最后一级的压力应大于上覆土层的计算压力 100~200 kPa。

(6)需要确定原状土的先期固结压力时,加压率应小于 1,可采用 0.5 倍或 0.25 倍。最后一级压力应使 e-lg$p$ 曲线下段出现较长的直线段。

(7)第 1 级压力的大小视土的软硬程度分别采用 12.5 kPa、25.0 kPa、50.0 kPa(第 1 级实加压力应减去预压压力)。

(8)如是饱和试样,则在施加第 1 级压力后,立即向水槽中注水至满。如是非饱和试样,需用湿棉围住加压盖板四周,避免水分蒸发。

(9)需测定沉降速率时,加压后按下列时间顺序测记量表读数:6 s、15 s、1 min、2 min 15 s、4 min、6 min 15 s、9 min、12 min 15 s、16 min、20 min 15 s、25 min、30 min 15 s、36 min、42 min 15 s、49 min、64 min、100 min、200 min、400 min、23 h 和 24 h,直至稳定。

(10)当不需要测定沉降速率时,稳定标准规定为每级压力下固结 24 h 或试样变形每小时变化不大于 0.01 mm。测记稳定读数后,再施加第 2 级压力。依次逐级加压至试验结束(当试样的渗透系数大于 10^{-5} cm/s 时,允许以主固结完成作为相对稳定标准;对某些高液限土,24 h 以后尚有较大的压缩变形时,以试样变形每小时变化不大于 0.005 mm 为稳定)。

(11)需要做回弹试验时,可在某级压力(大于上覆压力)下固结稳定后卸压,直至卸至第 1 级压力。每次卸压后的回弹稳定标准与加压相同,并测记每级压力及最后一级压力时的回弹量。

(12)试验结束后,迅速拆除仪器各部件,取出带环刀的试样。如是饱和试样,则用干滤纸吸去试样两端表面上的水,取出试样测定试验后的含水率。

2.8.4　计算及制图

2.8.4.1　计算

(1)试样的原始孔隙比 e_0:

$$e_0 = \frac{\rho_w G_s (1 + 0.01\omega_0)}{\rho_0} - 1 \tag{2-32}$$

式中　e_0——土的原始孔隙比;

G_s——土粒比重;

ρ_w——水的密度,g/cm³;

ω_0——试样的初始含水率(%)。

(2)各级压力下固结稳定后的孔隙比 e_i:

$$e_i = e_0 - (1 + e_0)\frac{\sum \Delta h_i}{h_0} \tag{2-33}$$

式中　e_i——某级压力下土的孔隙比;

Δh_i——某级压力下试样高度变化,cm;

h_0——试样初始高度,cm。

(3)某一压力范围内的压缩系数 α_v:

$$\alpha_v = \frac{e_i - e_{i+1}}{p_{i+1} - p_i} \times 10^3 \tag{2-34}$$

式中　e_i、e_{i+1}——压力为 p_i、p_{i+1} 时压缩稳定后的孔隙比;

p_i、p_{i+1}——与 e_i、e_{i+1} 相对应的压力值,MPa。

(4)某一压力范围内的压缩模量 E_s 和体积压缩系数 m_v:

$$E_s = \frac{1 + e_0}{\alpha_v} \tag{2-35}$$

$$m_v = \frac{1}{E_s} = \frac{\alpha_v}{1 + e_0} \tag{2-36}$$

(5)压缩指数(C_c):

$$C_c = \frac{e_i - e_{i+1}}{\lg p_{i+1} - \lg p_i} \tag{2-37}$$

2.8.4.2　制图

以孔隙比 e 为纵坐标,以压力 p 为横坐标,绘制孔隙比与压力的关系曲线,即压缩曲线(见图 2-8)。

2.8.5　记录

本试验记录格式见第 3 部分。

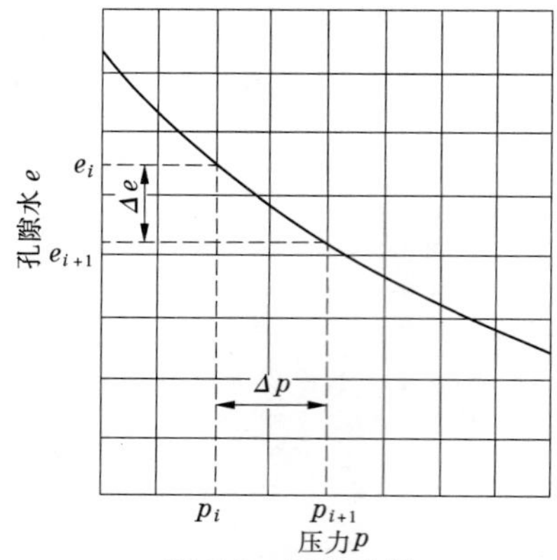

图 2-8　压缩曲线

2.8.6　快速固结试验

对渗透性较大的细粒土,若计算沉降要求精度不高,且不需要求固结系数,可采用快速固结试验法

2.8.6.1　定义

快速法规定试样在各级压力下的固结时间为 1 h,仅在最后一级压力下,除测记 1 h 的量表读数外,还应测读达到压缩稳定时的量表读数。稳定标准为量表读数每小时变化不大于 0.005 mm。

2.8.6.2　仪器设备

快速法所用仪器设备应符合常规试验仪器设备的规定。

2.8.6.3　操作步骤

(1)本试验操作步骤按常规试验“2.8.3 试验”步骤(1)~(5)、(7)、(8)、(12)的规定进行。

(2)对快速法所得试验成果,如需要校正,则按下式计算各级压力下试样校正后的总变形量:

$$\sum \Delta h_i = (h_i)_t \frac{(h_n)_T}{(h_n)_t} = K(h_i)_t \tag{2-38}$$

式中　$\sum \Delta h_i$——某一压力下校正后的总变形量,mm;

$(h_i)_t$——某一压力下固结 1 h 的总变形量减去该压力下的仪器变形量,mm;

$(h_n)_t$——最后一级压力下固结 1 h 的总变形量减去该压力下的仪器变形量,mm;

$(h_n)_T$——最后一级压力下达到稳定标准的总变形量减去该压力下的仪器变形量,mm;

K——校正系数。

2.8.6.4　计算及制图

按常规试验中“2.8.4 计算及制图”规定进行计算和制图。

2.8.6.5　记录

本试验记录格式见第 3 部分。

2.9　直接剪切试验

2.9.1　目的和适用范围

(1)直接剪切试验是测定土的抗剪强度的一种常用方法。通常采用 4 个试样,分别在不同的垂直压力 p 下,施加水平剪切力进行剪切,求得破坏时的剪应力 τ。然后根据库仑定律确定土的抗剪强度参数:内摩擦角 φ 和黏聚力 c。

(2)直接剪切试验分为快剪(Q)、固结快剪(CQ)和慢剪(S)3 种试验方法。

①快剪试验(Q):在试样上施加垂直压力后立即快速施加水平剪切力。

②固结快剪试验(CQ):在试样上施加垂直压力,待排水固结稳定后,快速施加水平剪切力。

③慢剪试验(S):在试样上施加垂直压力及水平剪切力的过程中,均应使试样排水固结。

(3)直接剪切试验适用于测定细粒土的抗剪强度参数 φ 和 c 及土颗粒的粒径小于 2 mm 砂土的抗剪强度参数 φ_0,渗透系数 k 大于 10^{-6} cm/s 的土不宜做快剪试验。

2.9.2　仪器设备

(1)应变控制式直剪仪(见图 2-9)。主要部件包括剪切盒(水槽、上剪切盒、下剪切盒),垂直加压框架,测力计及推动机构等。

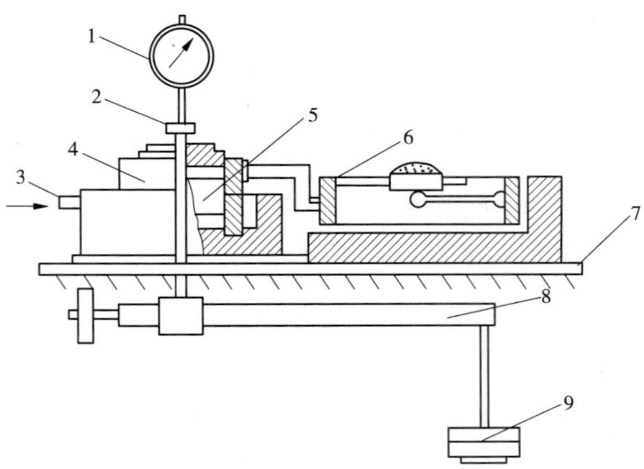

1—垂直变形百分表;2—垂直加压框架;3—推动座;4—剪切盒;
5—试样;6—测力计;7—台板;8—杠杆;9—砝码。

图 2-9　应变控制式直剪仪结构示意图

(2)位移计(百分表):量程 5~10 mm,分度值 0.01 mm。

(3)天平:称量 500 g,分度值 0.1 g。

(4)环刀:内径 6.18 cm(或 6.40 cm),高 2 cm。

(5)其他:饱和器、削土刀(或钢丝锯)、秒表、滤纸、直尺等。

2.9.3 操作步骤

2.9.3.1 试样制备

1. 黏性土试样制备

(1)从原状土样中切取原状土试样或制备给定干密度及含水率的扰动土试样。

(2)测定试样的含水率及密度。

2. 砂类土试样制备

(1)取过 2 mm 筛孔的代表性风干砂样 1 200 g 备用。按要求的干密度称每个试样所需风干砂量,准确至 0.1 g。

(2)对准上下盒,插入固定销,将洁净的透水板放入剪切盒内。

(3)将准备好的砂样倒入剪切盒内,拂平表面,放上一块硬木块,用手轻轻敲打,使试样达到要求的干密度。然后取出硬木块。

每组试验应取 4 个试样,在 4 种不同垂直压力 p 下进行剪切试验:一个垂直压力相当于现场预期的最大压力 p_{max},一个垂直压力要大于 p_{max},其他垂直压力均小于 p_{max}。但垂直压力的各级差值要大致相等。也可以取垂直压力分别为 100 kPa、200 kPa、300 kPa、400 kPa,各个垂直压力可一次轻轻施加,若土质松软,也可分级施加,以防试样挤出。

2.9.3.2 试样安装与剪切

1. 快剪试验(Q)

(1)对准上下盒,插入固定销。在下盒内放不透水板。将装有试样的环刀平口向下,对准剪切盒口,在试样顶面放不透水板,然后将试样徐徐推入剪切盒内,移去环刀。

(2)转动手轮,使上盒前端钢珠刚好与测力计接触。调整测力计读数为零。依次加上加压盖板、钢珠、加压框架,安装垂直位移计,测记起始读数。

(3)按上述“2.9.3.1 试样制备”规定施加垂直压力。

(4)施加垂直压力后,立即拔取固定销。开动秒表,以 0.8~1.2 mm/min 的速率剪切(以 4~6 r/min 的均匀速度旋转手轮),使试样在 3~5 min 内剪损。如测力计的读数达到稳定,或有显著后退,表示试样已剪损。但一般宜剪至剪切变形达到 4 mm。若测力计读数继续增加,则剪切变形应达到 6 mm。手轮每转一圈,同时测记测力计读数并根据需要测记垂直位移计读数,直至剪损。

(5)剪切结束后,吸去剪切盒中积水,倒转手轮,尽快移去垂直压力、框架、钢珠、加压盖板等。取出试样,测定剪切面附近土的含水率。

2. 固结快剪试验(CQ)

(1)试样安装同上述。但试样上下两面的不透水板改放湿滤纸和透水板。

(2)如是饱和试样,则在施加垂直压力 5 min 后,往剪切盒水槽内注满水;如是非饱和土,仅在活塞周围包以湿棉花,防止水分蒸发。

(3)在试样上施加规定的垂直压力后,测记垂直变形读数。如每小时垂直变形读数变化不超过 0.005 mm,认为已达到固结稳定。

(4)试样达到固结稳定后,按快剪试验之(4)(5)规定进行剪切,剪切后取出试样测定剪切面附近试样的含水率。

3. 慢剪试验(S)

(1)试样安装同上述。试样固结按固结快剪试验之(3)进行。待试样固结稳定后进行剪切。剪切速率应小于 0.02 mm/min。也可按下式估算剪切破坏时间：

$$t_f = 50t_{50} \tag{2-39}$$

式中　t_f——达到破坏所经历的时间；

t_{50}——固结度达到 50%的时间。

(2)剪损标准按快剪试验之(4)规定选取。

(3)按快剪试验之(5)规定进行拆卸试样及测定含水率。

2.9.4　计算和制图

2.9.4.1　计算

按下面的公式计算试样的剪应力：

$$\tau = CR/A_0 \times 10 \tag{2-40}$$

式中　τ——剪应力，kPa；

C——测力计率定系数，N/0.01 mm；

R——测力计读数；

A_0——试样面积，cm^2；

10——单位换算系数。

2.9.4.2　制图

(1)以剪应力为纵坐标、剪切位移为横坐标绘制剪应力 τ 与剪切位移 Δl 关系曲线，如图 2-10 所示。

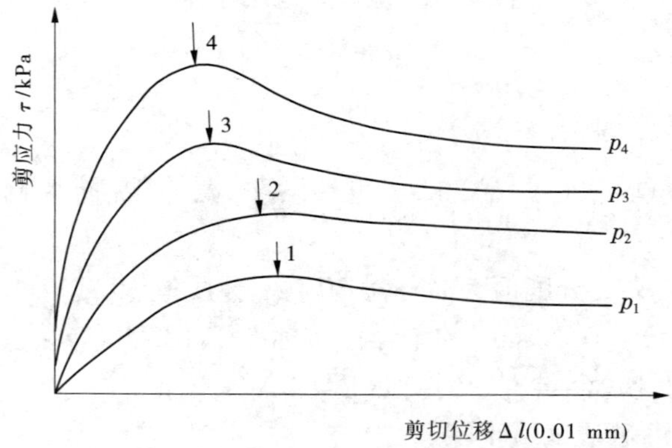

图 2-10　剪应力与剪切位移的关系曲线

(2)选取剪应力 τ 与剪切位移 Δl 关系曲线上的峰值点或稳定值作为抗剪强度 τ_f，如图 2-10 中曲线上的箭头所示。如无明显峰值点，则取剪切位移 $\Delta l = 4$ mm 对应的剪应力作为抗剪强度 τ_f。图 2-10 中 p_1、p_2、p_3、p_4 为相应的垂直压力。

(3)以抗剪强度 τ_f 为纵坐标，垂直压力 p 为横坐标，绘制抗剪强度 τ_f 与垂直压力 p 的关系曲线，如图 2-11 所示。根据图上各点，绘一视测的直线。直线的倾角为土的内摩擦

角 φ，直线在纵坐标轴上的截距为土的黏聚力 c。

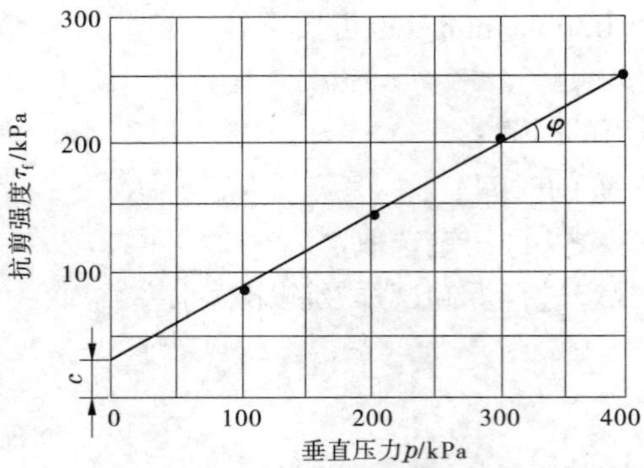

图 2-11　抗剪强度与垂直压力的关系曲线

2.9.5　记录

本试验记录格式见第 3 部分。

2.10　原位密度试验

2.10.1　一般规定

(1)原位密度试验方法有环刀法、灌砂法、灌水法。

(2)环刀法适用于细粒土。灌砂法、灌水法适用于细粒土、砂类土和砾类土。

2.10.2　灌砂法

2.10.2.1　仪器设备

(1)灌砂法密度试验仪(见图 2-12)，包括漏斗、漏斗架、防风筒、套环，附有 3 个固定器。

(2)台秤：称量 10 kg，分度值 5 g；称量 50 kg，分度值 10 g。

(3)量砂：粒径 0.25~0.50 mm 的干燥清洁标准砂 10~40 kg。

(4)其他：有盖的量砂容器、直尺、铲土工具。

2.10.2.2　用套环的灌砂法试验步骤

(1)选定具有代表性的一块面积约 40 cm×40 cm 的场地并将地面铲平。检查填土压实密度时，应将表面未压实土层清除掉，并将压实土层铲去一部分，其深度视需要而定，使试坑底能达到规定的深度。

(2)称盛量砂的容器加量砂质量。按图 2-12 所示，将仪器放在整平的地面上，用固定器将套环固定。打开漏斗阀，将量砂经漏斗灌入套环内，待套环灌满后，拿掉漏斗、漏斗架及防风筒，无风可不用防风筒，用直尺刮平套环上砂面，使之与套环边缘齐平。将刮下的量砂细心地倒回量砂容器，不得丢失。称量砂容器加第 1 次剩余量砂质量。

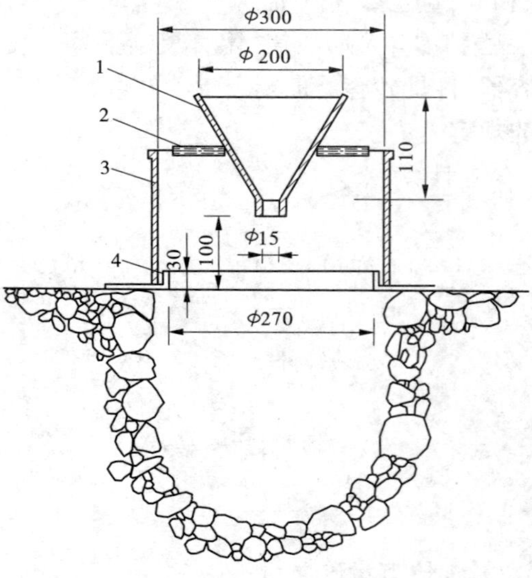

1—漏斗；2—漏斗架；3—防风筒；4—套环。

图 2-12　灌砂法密度试验仪　（单位：mm）

（3）将套环内的量砂取出，称量，倒回量砂容器内。环内量砂允许有少部分仍留在环内。

（4）在套环内挖试坑，其尺寸应符合表 2-7 的规定，挖坑时要特别小心。将已松动的试样全部取出，放入盛试样的容器内，将盖盖好，称容器加试样质量，并取代表性试样，测定含水率。

表 2-7　试坑尺寸与相应的最大粒径　单位：mm

试样最大粒径	试坑尺寸	
	直径	深度
5(20)	150	200
40	200	250
60	250	300
200	880	1 000

（5）在套环上重新装上防风筒、漏斗架及漏斗。将量砂经漏斗灌入试坑内，量砂下落速度应大致相等，直至灌满套环。

（6）取掉漏斗、漏斗架及防风筒，用直尺刮平套环上的砂面，使之与套环边缘齐平。刮下的量砂全部倒回量砂容器内，不得丢失。称量砂容器加第 2 次剩余量砂质量。

2. 10. 2. 3　不用套环的灌砂法试验步骤

（1）应按用套环的灌砂法试验步骤（1）的规定选择试验地点，在刮平的地面上应按表 2-7 的规定挖坑。

（2）称量砂容器加量砂质量，在试坑上放置防风筒和漏斗，将量砂经漏斗灌入试坑内,量砂下落速度应大致相等,直至灌满试坑。

(3)试坑灌满量砂后,去掉漏斗及防风筒,用直尺刮平量砂表面,使之与原地面齐平,将多余的量砂倒回量砂容器,称量砂容器加剩余量砂质量。

2.10.2.4　计算应符合的规定

(1)湿密度应按下列公式计算:

用套环时,

$$\rho = \frac{(m_{y4} - m_{y6}) - [(m_{y1} - m_{y2}) - m_{y3}]}{\dfrac{m_{y2} + m_{y3} - m_{y5}}{\rho_{1s}} - \dfrac{m_{y1} - m_{y2}}{\rho'_{1s}}} \tag{2-41}$$

不用套环时,

$$\rho = \frac{m_{y4} - m_{y6}}{\dfrac{m_{y1} - m_{y7}}{\rho_{1s}}} \tag{2-42}$$

式中　m_{y1}——量砂容器质量加原有量砂质量,g;

m_{y2}——量砂容器质量加第1次剩余量砂质量,g;

m_{y3}——从套环中取出的量砂质量,g;

m_{y4}——试样容器质量加试样质量(包括少量遗留砂质量),g;

m_{y5}——量砂容器质量加第2次剩余量砂质量,g;

m_{y6}——试样容器质量,g;

m_{y7}——量砂容器质量加剩余量砂质量,g;

ρ_{1s}——往试坑内灌砂时量砂的平均密度,g/cm^3;

ρ'_{1s}——挖试坑前,往套环内灌砂时量砂的平均密度,g/cm^3,计算至0.01 g/cm^3。

(2)干密度应按下式计算:

$$\rho_d = \frac{\rho}{1 + 0.01\omega} \tag{2-43}$$

(3)本试验需进行2次平行测定,取其算术平均值。

本试验记录格式见第3部分。

2.10.3　灌水法

2.10.3.1　设备仪器

(1)储水筒:直径应均匀,并附有刻度。

(2)台秤:称量20 kg,分度值5 g;称量50 kg,分度值10 g。

(3)其他:铲土工具、水准尺、直尺等。

2.10.3.2　灌水法试验步骤

(1)将测点处的地面整平,并用水准尺检查。

(2)应按表2-7的规定确定试坑尺寸,按确定的试坑直径划出坑口轮廓线,在轮廓线内下挖至要求的深度。将坑内的试样装入盛土容器内,称试样质量,取有代表性的试样测定含水率。

(3)试坑挖好后,放上相应尺寸的套环,并用水准尺找平,将大于试坑容积的塑料薄膜沿坑底、坑壁紧密相贴(见图 2-13)。

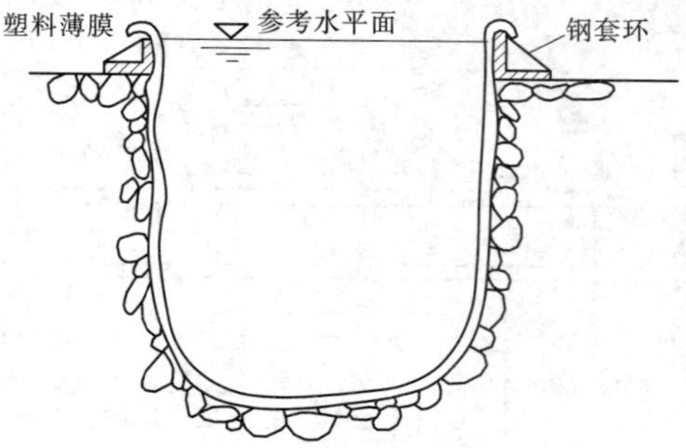

图 2-13　灌水法密度试验

(4)记录储水筒内初始水位高度,拧开储水筒内的注水开关,将水缓慢注入塑料薄膜中。当水面接近套环上边缘时,将水流调小,直至水面与套环上边缘齐平时关注水开关,不应使套环内的水溢出;持续 3~5 min,记录储水筒内水位高度。

2.10.3.3　**计算规定**

(1)试坑体积应按下式计算:

$$V_{sk} = (H_{t2} - H_{t1})A_w - V_{th} \tag{2-44}$$

式中　V_{sk} ——试坑体积,cm^3;

H_{t1}——储水筒内初始水位高度,cm;

H_{t2}——储水筒内注水终了时水位高度,cm;

A_w ——储水筒断面面积,cm^2;

V_{th} ——套环体积,cm^3。

(2)湿密度及干密度按下列公式计算,计算至 0.01 g/cm^3:

$$\rho = \frac{m_0}{V_{sk}} \tag{2-45}$$

$$\rho_d = \frac{\rho}{1 + 0.01\omega} \tag{2-46}$$

(3)本试验需进行 2 次平行测定,取其算术平均值。

本试验记录格式见第 3 部分。

2.11　试坑渗透试验

2.11.1　一般规定

(1)本试验采用试坑注水法,可测定非饱和土的渗透参数。

(2)试验方法有双环法和单环法,砂土及粉土宜用单环法,黏性土宜用双环法。

2.11.2　仪器设备

本试验装置可采用图 2-14 所示的形式。

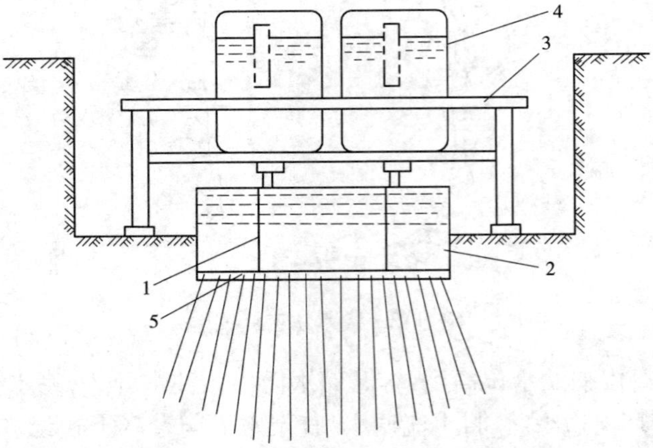

1—内环；2—外环；3—支架；4—供水瓶；5—砾石层。

图 2-14　试坑注水法装置

(1)铁环：双环法铁环内环直径 25 cm、高 15 cm，外环直径 50 cm、高 15 cm。单环法铁环直径 37~75 cm(铁环横截面面积 1 000 cm^2)、高 15 cm。

(2)供水瓶：在木支架上倒置着容量为 5 000~10 000 mL、装有斜口玻璃管和橡皮塞的供水瓶，根据试验需要可为一个或多个。供水瓶的分度值为 50 mL。

(3)温度计：量程 0~50 ℃，分度值 1 ℃。

(4)其他设备：土钻、吸水球及原位测含水率设备。

2.11.3　操作步骤

(1)应在试验地区拟定的测试土体中按预定深度开挖一面积不小于 1.0 m×1.5 m 的试坑，在坑底再下挖一直径等于外环、深 10~15 cm 的贮水坑，整平坑底。

(2)把铁环细心放入贮水坑中，铁环入土深度至环上的起点刻度。双环法应使内、外环成同心圆状，两环上缘应在同一水平面上。压环时，须防止土的压实或变形。如扰动过大，须重新挖试坑另做。

(3)在环底部土体上均铺 2 cm 厚的砾石层，然后向环内注入清水至满，安放支架至水平位置。将供水瓶注满清水后倒置于支架上，供水瓶的斜口玻璃管插入环内水面以下。双环法注水时，支架上倒置 2 个注满清水的供水瓶，2 个供水瓶的斜口玻璃管分别插入内环和内外环之间的水面以下，玻璃管的斜口应在同一高度上。

(4)打开橡皮塞，调节供水瓶出水量，以保持环内水位不变。双环法注水时，内环和内外环之间的水面应在同一高度。

(5)记录渗水开始时间及供水瓶的水位和水温。经一定时间后，测记在此时间内由供水瓶渗入土中的水量，直至流量稳定。

(6)从供水瓶流出的水量达稳定后,在 1~2 h 内测记流出水量至少 5~6 次。每次测记的流量与平均流量之差不应超过 10%。双环法主要测记内环供水瓶的流量。

(7)试验结束后,拆除仪器,吸出贮水坑中的水。

(8)在离试坑中心 3~4 m 以外,钻几个 3~4 m 深的钻孔,每隔 0.2 m 取土样 1 个,平行测定其含水率。根据含水率的变化,确定渗透水的入渗深度。

2.11.4　计算和记录

渗透系数应按下列公式计算:

$$k_{\mathrm{T}}=\frac{QH_{y1}}{tA_h(H_{y1}+H_{y2}+H_{y3})} \tag{2-47}$$

$$k_{20}=k_{\mathrm{T}}\frac{\eta_T}{\eta_{20}} \tag{2-48}$$

式中　Q——渗透水量,cm^3,双环法为内环渗透水量;

t——时间,s;

A_h——铁环面积,cm^2,双环法为内环面积;

H_{y1}——试验时水的入渗深度,cm;

H_{y2}——贮水坑中水的深度,cm;

H_{y3}——相当于作用毛细管力的水柱高度,cm,根据不同土质可按表 2-8 采用;

η_T、η_{20}——T ℃和 20 ℃时水的动力黏滞系数(1×10^{-6} kPa·s)。

比值 η_T/η_{20} 与温度的关系可按本书表 2-6 执行。

表 2-8　相当于作用毛细管力的水柱高度　单位:cm

土的名称	H_{y3}	土的名称	H_{y3}
粉质黏土	100	黏土质细砂	30
砂质黏土	80	细砂	20
粉土	60	中砂	10
砂质粉土	40	粗砂	5

本试验记录格式见第 3 部分。

第3部分　附　录

3.1　含水率试验记录表

工程名称________________　　试验者__________

钻孔编号________________　　计算者__________

试验方法________________　　校核者__________

试验日期________________

试样编号	试样说明	盒号	盒质量/g	盒加湿土质量/g	盒加干土质量/g	水分质量/g	干土质量/g	含水率/%	平均含水率/%
			(1)	(2)	(3)	(4)	(5)	(6)	(7)

3.2　土的密度试验记录表(环刀法)

工程名称________________　　试验者__________

钻孔编号________________　　计算者__________

试验方法________________　　校核者__________

试验日期________________

试样编号	试样类别	环刀号	环刀质量/g	湿土质量/g	体积/cm^3	湿密度/(g/cm^3)	含水率/%	干密度/(g/cm^3)	平均干密度/(g/cm^3)
			(1)	(2)	(3)	(4)	(5)	(6)	(7)

3.3 土的密度试验记录表(蜡封法)

工程名称________　　试验者________
钻孔编号________　　计算者________
试验方法________　　校核者________
试验日期________

试样编号	试样质量/g	试样加蜡质量/g	试样加蜡在水中质量/g	温度/℃	水的密度/(g/cm^3)	试样加蜡体积/cm^3	蜡体积/cm^3	试样体积/cm^3	湿密度/(g/cm^3)	含水率/%	干密度/(g/cm^3)	平均干密度/(g/cm^3)	备注
	(1)	(2)	(3)	—	(4)	(5)	(6)	(7)	(8)	(9)	(10)	(11)	

3.4　颗粒分析试验记录表(筛析法)

工程名称＿＿＿＿＿＿＿＿＿＿＿＿　　试验者＿＿＿＿＿＿＿

土样编号＿＿＿＿＿＿＿＿＿＿＿＿　　计算者＿＿＿＿＿＿＿

试验方法＿＿＿＿＿＿＿＿＿＿＿＿　　校核者＿＿＿＿＿＿＿

试验日期＿＿＿＿＿＿＿＿＿＿＿＿

风干土质量=　　　g　　　小于 0.075 mm 的土占总土质量的百分数=　　　%

2 mm 筛上土质量=　　　g　　　小于 2 mm 的土占总土质量的百分数=　　　%

2 mm 筛下土质量=　　　g　　　细筛分析时所取试样质量=　　　g

筛号	孔径/mm	累计留筛土质量/g	小于该孔径的土质量/g	小于该孔径的土质量百分数/%	小于该孔径的总土质量百分数/%
底盘总计					

3.5 颗粒分析试验记录表(密度计法)

工程名称______ 试验者______
土样编号______ 计算者______
试验方法______ 校核者______
试验日期______

小于 0.075 mm 颗粒土质量百分数______ 干土总质量______
湿土质量______ 密度计号______
含水率______ 量筒号______
干土质量______ 烧瓶号______
含盐量______ 土粒比重______
试样处理说明______ 比重校正值______
风干土质量______ 弯液面校正值______

试验时间	下沉时间 t/min	悬液温度 T/℃	密度计读数					土粒落距 L/cm	粒径 d/mm	小于某粒径的土质量百分数/%	小于某粒径的总土质量百分数/%
			密度计读数 R	温度校正值/ m_t	分散剂校正值 C_d	$R_M=(R-1)+m+n-C_d$	$R_H=R_MC_s$				

颗粒级配曲线

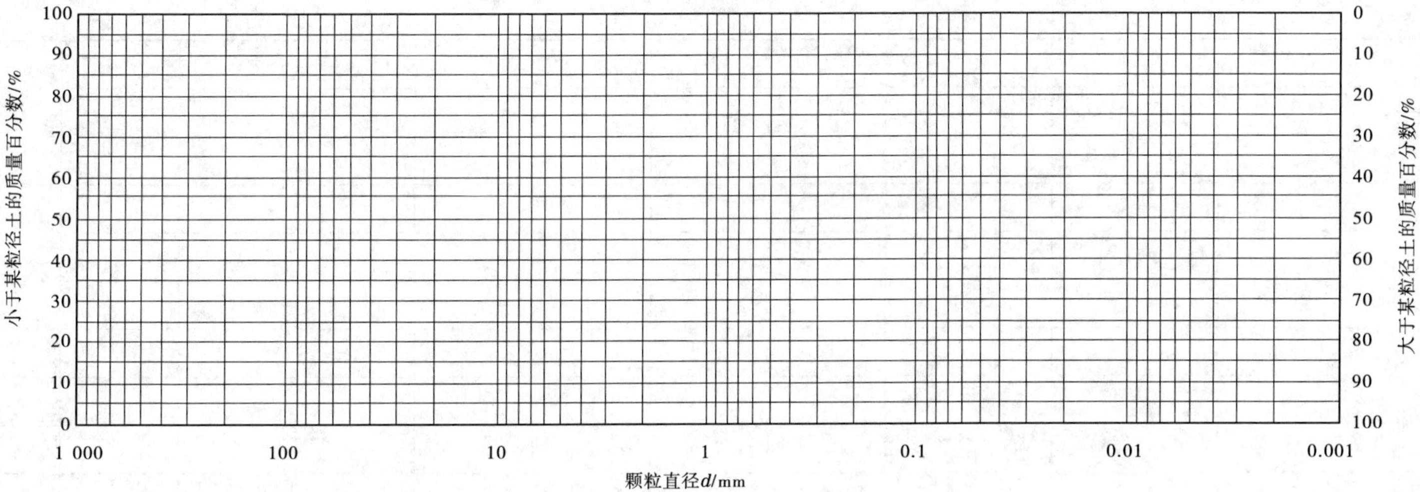

<table>
<tr><td rowspan="2">漂石
或块石</td><td rowspan="2">卵石
或碎石</td><td>粗</td><td>中</td><td>细</td><td>粗</td><td>中</td><td>细</td><td rowspan="2">粉粒</td><td rowspan="2">黏粒</td></tr>
<tr><td colspan="3">砾粒</td><td colspan="3">砂粒</td></tr>
</table>

<table>
<tr><td rowspan="4">试样
编号</td><td colspan="2">巨粒组含量/%</td><td colspan="2">粗粒组含量/%</td><td colspan="2">细粒组含量/%</td><td rowspan="4">$C_u=\frac{d_{60}}{d_{10}}$</td><td rowspan="4">$C_c=\frac{d_{30}^2}{d_{10}d_{60}}$</td><td rowspan="4">土的分类名称</td></tr>
<tr><td>漂石(块石)</td><td>卵石(碎石)</td><td>砾粒(角砾)</td><td>砂粒</td><td>粉粒</td><td>黏粒</td></tr>
<tr><td>$d>200$</td><td>$200\geqslant d>60$</td><td>$60\geqslant d>2$</td><td>$2\geqslant d>0.075$</td><td>$0.075\geqslant d>0.005$</td><td>$d\leqslant 0.005$</td></tr>
<tr><td>mm</td><td>mm</td><td>mm</td><td>mm</td><td>mm</td><td>mm</td></tr>
<tr><td></td><td></td><td></td><td></td><td></td><td></td><td></td><td></td><td></td><td></td></tr>
<tr><td></td><td></td><td></td><td></td><td></td><td></td><td></td><td></td><td></td><td></td></tr>
<tr><td></td><td></td><td></td><td></td><td></td><td></td><td></td><td></td><td></td><td></td></tr>
</table>

工程编号________
土样编号________
土样说明________
试验日期________
试 验 者________
计 算 者________
制 图 者________

3.6 比重试验记录表(比重瓶法)

工程名称________________　　试验者__________

土样编号________________　　计算者__________

试验方法________________　　校核者__________

试验日期________________

试样编号	比重瓶号	温度/℃	液体比重	比重瓶质量/g	瓶加干土总质量/g	干土质量/g	瓶加水总质量/g	瓶加水加土总质量/g	与干土同体积的液体质量/g	比重	平均值	备注
		(1)	(2)	(3)	(4)	(5)	(6)	(7)	(8)	(9)		
			查表			(4)-(3)			(5)+(6)-(7)	$\frac{(5)}{(8)}\times(2)$		

3.7 比重试验记录表(虹吸筒法)

工程名称________________　　试验者________
土样编号________________　　计算者________
试验方法________________　　校核者________
试验日期________________

野外编号	室内编号	温度/℃	水的比重	烘干土质量/g	风干土质量/g	量筒质量/g	量筒加排干水质量/g	排干水质量/g	吸着水质量/g	比重	平均比重
		(1)	(2)	(3)	(4)	(5)	(6)	(7)	(8)	(9)	
			查表					(6)-(5)	(4)-(3)		

3.8 界限含水率试验记录表

工程名称________________ 试验者________

土样编号________________ 计算者________

试验方法________________ 校核者________

试验日期________________

土样编号	盒号	铝盒质量/g	湿土质量 m/g	干土质量 m_d/g	含水率 ω/%	塑限 ω_P/%	液限 ω_L/%	塑性指数 I_P/%
			(1)	(2)	$(3)=\left[\frac{(1)}{(2)}-1\right]\times 100$	(4)	(5)	(6)=(5)-(4)
试样分类及命名(代号)								

3.9 渗透试验记录表(变水头)

工程名称______________ 土样说明______________ 孔隙比______________
土样编号______________ 测压管断面面积/cm^2______________ 试验者______________
仪器编号______________ 试样高度/cm______________ 计算者______________
试验日期______________ 试样面积/cm^2______________ 校核者______________

开始时间 t_1/ d h min	终了时间 t_2/ d h min	经过时间 t/s	开始水头 h_1/cm	终了水头 h_2/cm	$2.3\frac{a}{A}\frac{L}{t}$	$\lg\frac{h_1}{h_2}$	水温 T ℃时的渗透系数 k_T/ (cm/s)	水温/ ℃	校正系数/ $\frac{\eta_T}{\eta_{20}}$	渗透系数 k_{20}/ (cm/s)	平均渗透系数 $\bar{k}_{20}$/ (cm/s)
(1)	(2)	(3)	(4)	(5)	(6)	(7)	(8)	(9)	(10)	(11)	(12)
		(2)-(1)								(8)×(10)	

3.10 击实试验记录表

工程名称________ 土粒比重________ 试验者________

土样编号________ 每层击数________ 计算者________

仪器编号________ 风干含水率________ 校核者________

土样类别________ 击实筒容积/cm^3________ 试验日期________

试验序号	密度					含水率							
	筒加土质量/g	筒质量/g	湿土质量/g	密度/(g/cm^3)	干密度/(g/cm^3)	盒号	盒加湿土质量/g	盒加干土质量/g	盒质量/g	湿土质量/g	干土质量/g	含水率/%	平均含水率/%
	(1)	(2)	(3)	(4)	(5)	(6)	(7)	(8)	(9)	(10)	(11)	(12)	(13)
			(1)−(2)	$\frac{(3)}{V}$	$\frac{(4)}{1+0.01\times(13)}$					(7)−(9)	(8)−(9)	$\left[\frac{(10)}{(11)}-1\right]\times 100$	

最大干密度： g/cm^3	最优含水率： %	饱和度： %
大于 5 mm 颗粒含量： %	校正后最大干密度： g/cm^3	校正后最优含水率： %

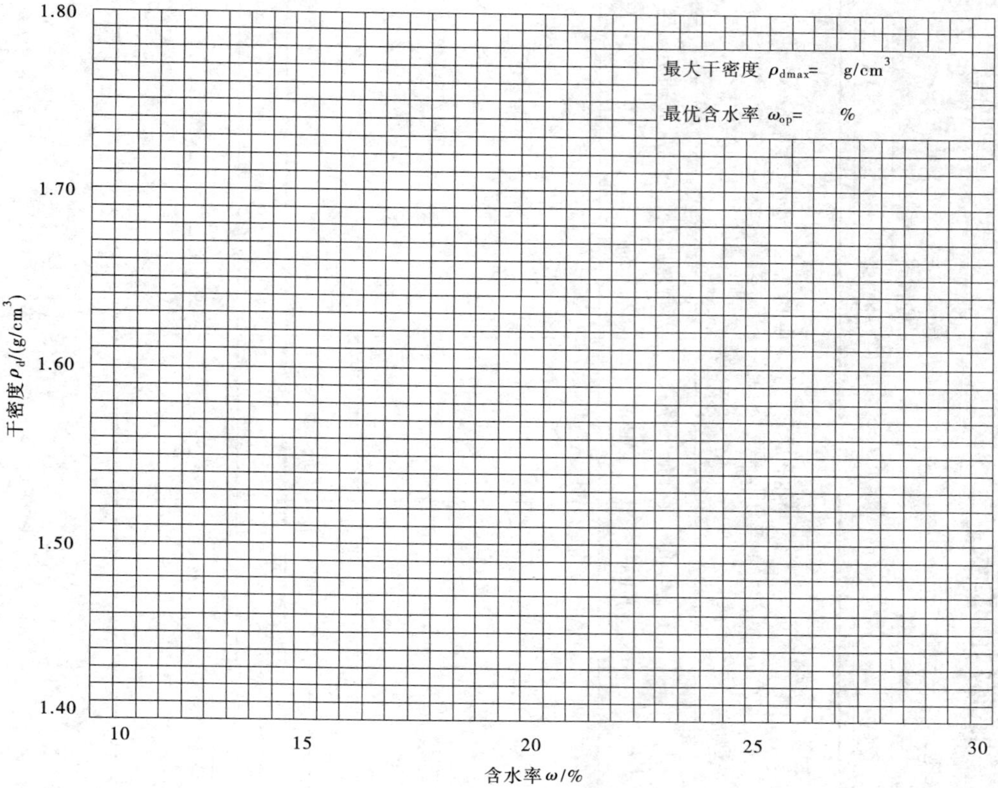

击实特性曲线图

（注：此表纵、横坐标数值可根据需要调整）

3.11 固结试验记录表

工程名称＿＿＿＿＿＿ 试验者＿＿＿＿＿＿ 校核者＿＿＿＿＿＿

土样编号＿＿＿＿＿＿ 计算者＿＿＿＿＿＿ 试验日期＿＿＿＿＿＿

试样原始高度：$h_0=20$ mm

试验前孔隙比：$e_0=$

$$C_v = \frac{0.848\bar{h}^2}{t_{90}} \text{ 或 } C_v = \frac{0.197\bar{h}^2}{t_{50}}$$

加压历时/h	压力/kPa	试样总变形量/mm	压缩后试样高度/mm	孔隙比	压缩模量/MPa	压缩系数/MPa^{-1}	排水距离/mm	固结系数/(cm^2/s)
	p	$\sum \Delta h_i$	$h = h_0 - \sum \Delta h_i$	$e_i = e_0 - \frac{\sum \Delta h_i(1+e_0)}{h_0}$	E_s	α_v	$\bar{h} = \frac{h_i + h_{i+1}}{4}$	C_v

3.12 固结试验记录表(快速固结试验)

工程名称________________　　　　试验者________

土样编号________________　　　　计算者________

试验日期________________　　　　校核者________

试样初始高度：h_0 = 　　mm　　　　$K = \frac{(h_n)_T}{(h_n)_t} =$

加压历时/h	压力/kPa	校正前试样总变形量/mm	校正后试样总变形量/mm	压缩后试样高度/mm	孔隙比
	p	$(h_i)_t$	$\sum \Delta h_i = K(h_i)_t$	$h = h_0 - \sum \Delta h_i$	$e_i = e_0 - \frac{\sum \Delta h_i(1+e_0)}{h_0}$
1					
1					
1					
1					
1					
稳定					

根据试验成果回答下列问题：

1. 绘制压缩曲线。

2. 求试样的压缩系数 α_v 和压缩模量 E_s。

3. 判定土的压缩性大小。

3.13 直接剪切试验记录表(一)

任务单号							试验者							
试样编号							计算者							
试样说明							校核者							
试验日期							仪器名称及编号							
试验参数			1			2			3			4		
			起始	饱和后	剪后	起始	饱和后	剪后	起始	饱和后	剪后	起始	饱和后	剪后
湿密度 $\rho/(g/cm^3)$	(1)	(1)												
含水率 $\omega/\%$	(2)	(2)												
干密度 $\rho_d/(g/cm^3)$	(3)	$\frac{(1)}{1+0.02\times(2)}$												
孔隙比 e	(4)	$\frac{G_s}{(3)-1}$												
饱和度 $S/\%$	(5)	$\frac{G_s\times(2)}{(4)}$												

3.14 直接剪切试验记录表(二)

任务单号		计算者	
试样编号		校核者	
试验方法		试验者	
		试验日期	
		剪切前固结时间/min	
仪器名称及编号		剪切前压缩量/mm	
垂直压力 p/kPa		剪切历时/min	

测力计率定系数 C/(N/0.01 mm)		抗剪强度 S/kPa	

手轮转数/转	测力计读数 R/0.01 mm	剪切位移 Δl/0.01 mm	剪应力 τ/kPa	垂直位移/0.01 mm
(1)	(2)	(3)=(1)×20−(2)	$(4)=\frac{(2)\times C}{A_0}\times 10$	
1				
2				
3				
4				
5				
6				
7				
8				
9				
⋮				
32				

3.15　直接剪切试验

任务单号		试验者	
试样编号		计算者	
试验日期		校核者	
仪器名称及编号		剪前固结时间/min	
测力计率定系数 C/(N/0.01 mm)		剪前固结沉降量/mm	
剪切速率/(mm/min)		剪切次数	
垂直压力 p/kPa		抗剪强度 S/kPa	
剪切位移 ΔL/ 0.01 mm	垂直位移计读数/ 0.01 mm	测力计读数 R/ 0.01 mm	剪应力 t/ kPa
30			
60			
100			
130			
160			
200			
230			
260			
300			
⋮			
800			

根据试验资料制图并确定抗剪强度参数值。

1. 绘制剪应力与剪切位移关系曲线。

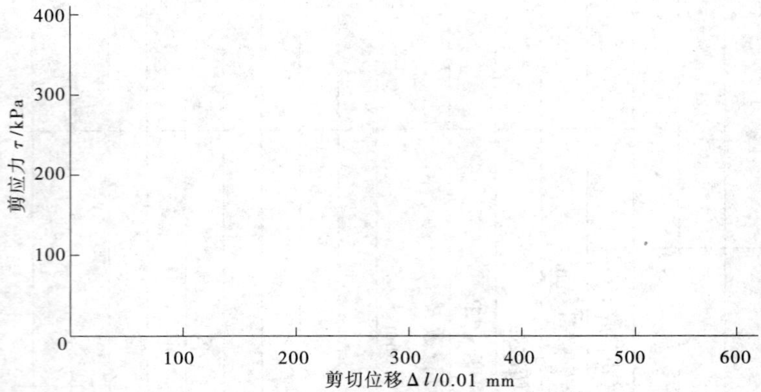

剪应力与剪切位移关系曲线图

2. 绘制抗剪强度与垂直压力的关系曲线,并求试样的抗剪强度参数,即内摩擦角 φ 和黏聚力 c。

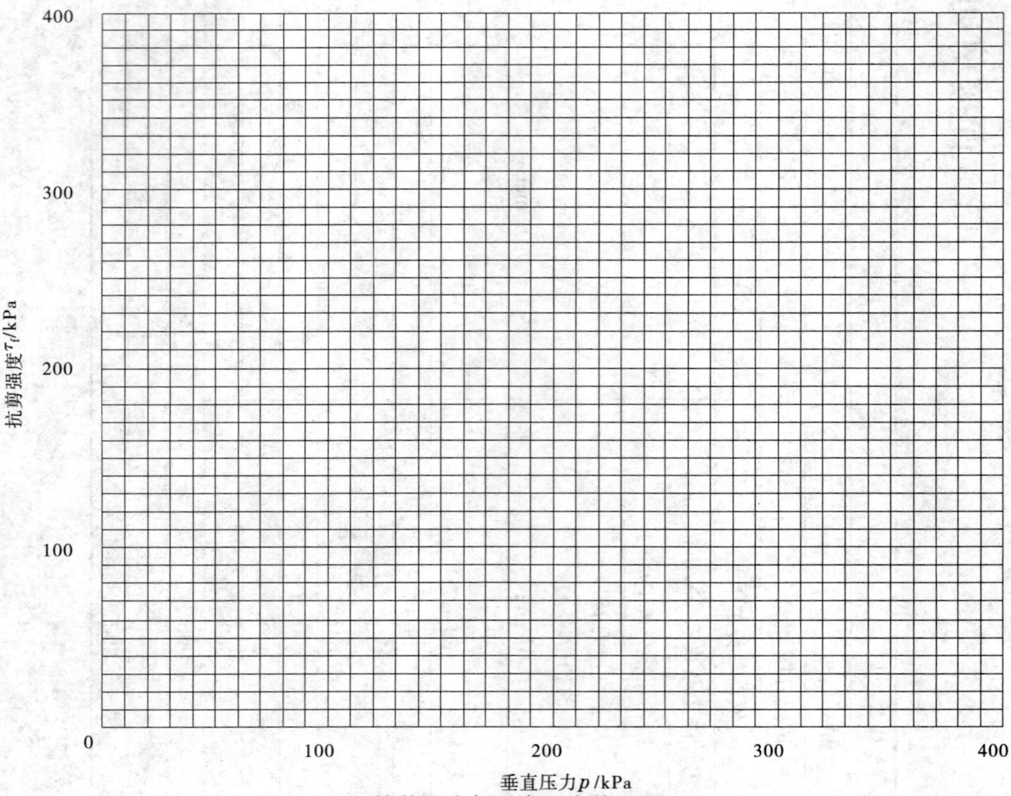

抗剪强度与垂直压力关系图

3.16　原位密度试验记录表(灌砂法,用套环)

任务单号		试验者				
试验日期		计算者				
试验环境		校核者				
试样编号		仪器名称及编号				
试样描述		取样地点				
量砂容器质量加原有量砂质量 m_{y1} /g		(1)				
量砂容器质量加第1次剩余量砂质量 m_{y2} /g		(2)				
套环内耗砂质量/g		(3)	(1)-(2)			
量砂密度 ρ'_{1s} /(g/cm^3)		(4)				
套环体积/cm^3		(5)	(3)/(4)			
从套环内取出量砂质量 m_{y3} /g		(6)				
套环内残留量砂质量/g		(7)	(3)-(6)			
量砂容器质量加第2次剩余量砂质量 m_{y5} /g		(8)				
试坑及套环内耗砂质量/g		(9)	(2)+(6)-(8)			
量砂密度 ρ_n /(g/cm^3)		(10)	(9)/(10)			
试坑及套环总体积/cm^3		(11)				
试坑体积/cm^3		(12)	(11)-(5)			
试样容器质量加试样质量(包括残留的量砂) m_{y4} /g		(13)				
试样容器质量 m_{y6} /g		(14)				
试样质量 m_0 /g		(15)	(13)-(14)-(7)			
试样密度 ρ /(g/cm^3)		(16)	(15)/(12)			
试样含水率 ω /%		(17)				
干密度 ρ_d /(g/cm^3)		(18)	$\frac{(16)}{1+0.01\times(17)}$			
平均干密度 $\bar{\rho}_d$ /(g/cm^3)		(19)				

3.17 原位密度试验记录表(灌砂法,不用套环)

任务单号		试验者				
试验日期		计算者				
试验环境		校核者				
试样编号		仪器名称及编号				
试样描述		取样地点				
量砂容器质量加原有量砂质量 m_{y1} /g	(1)					
量砂容器质量加剩余量砂质量 m_{y7} /g	(2)					
试坑内耗砂质量/g	(3)	(1)-(2)				
量砂密度 ρ_n /(g/cm^3)	(4)					
试坑体积/cm^3	(5)	(3)/(4)				
试样质量加试样容器质量 m_{y4} /g	(6)					
试样容器质量 m_{y6} /g	(7)					
试样质量 m_0 /g	(8)	(6)-(7)				
试样密度 ρ /(g/cm^3)	(9)	(8)/(5)				
试样含水率 ω /%	(10)					
干密度 ρ_d /(g/cm^3)	(11)	$\frac{(9)}{1+0.01\times(10)}$				
平均干密度 $\bar{\rho}_d$ /(g/cm^3)	(12)					

3.18　原位密度试验记录表(灌水法)

任务单号		试验者	
试验日期		计算者	
试验环境		校核者	
试样描述		仪器名称及编号	
取样地点		试样编号	

试样编号	套环体积 V_{th} /cm^3	储水筒水位/cm		储水筒面积 A_w /cm^2	试坑体积 V_{sk} /cm^3	试样质量 m_0 /g	试样含水率 ω /%	试样湿密度 ρ /(g/cm^3)	试样干密度 ρ_d /(g/cm^3)
		初始 H_{t1}	终了 H_{t2}						
(1)	(2)	(3)	(4)	(5)	(6)=[(4)-(3)]×(5)-(2)	(7)	(8)	(9)=(7)/(6)	$\frac{(9)}{1+0.01\times(8)}$

3.19 试坑渗透试验记录表

任务单号		试坑编号		试验方法		试验者	
土质说明		铁(内)环直径		试坑深度		计算者	
仪器名称及编号				试验日期		校核者	

测量时间			时间间隔 t/min	渗透水量 Q/cm^3	水的渗透流量		近似渗透系数 k_T/(cm/s)	试验时水的入渗深度 H_{y1}/cm	贮水坑中水的深度 H_{y2}/cm	相当于作用毛细管力的水柱高度 H_{y3}/cm	渗透系数 k_T/(cm/s)	水温 20 ℃时的渗透系数 k_{20}/(cm/s)	平均渗透系数 $\bar{k}_{20}$/(cm/s)
d	h	min			cm^3/min	cm^3/s							
—	—	—	(1)	(2)	(3)	(4)	(5)	(6)	(7)	(8)	(9)	(10)	(11)
—	—	—	—	—	$\frac{(2)}{(1)}$	$\frac{(3)}{60}$	$\frac{(4)}{A}$	—	—	—	$\frac{(4)\times(6)}{A[(6)+(7)+(8)]}$	$(9)\times\frac{\eta_T}{\eta_{20}}$	$\frac{\sum(10)}{n}$

3.20 土的物理力学性质试验成果汇总表(参考)

土样编号		取样深度/m	击实后（最大干密度）					土粒比重	粒径>5 mm			综合比重	液限 ω_{L17}/%	塑限 ω_P/%	塑性指数 I_{P17}	液限 ω_{L10}/%	塑性指数 I_{P10}	颗粒组成/%									分类定名	黏粒≤5 mm的百分含量/%	黏粒≥0.075 mm的百分含量/%	自由膨胀率/%
			含水率/%	密度/(g/cm^3)		孔隙比	饱和度/%		砾石含量/%	吸着含水率/%	砾石比重							圆砾及角砾			砂			粉粒	黏粒	胶粒				
																		大	中	小	粗	中	细							
																		颗粒粒径/mm												
室内	室外			湿	干													60~20	20~5	5~2	2~0.5	0.5~0.25	0.25~0.075	0.075~0.005	0.005~0.002	<0.002				
n= 均值																														
范围值	最小值																													
	~																													
	最大值																													

注:表中所列项目可根据实际需要增减。

参考文献

[1] 中华人民共和国住房和城乡建设部. 土工试验方法标准: GB/T 50123—2019[S]. 北京:中国计划出版社,2019.

[2] 中华人民共和国水利部. 碾压式土石坝设计规范:SL 274—2020[S]. 北京:中国水利水电出版社,2020.

[3] 中华人民共和国水利部. 水利水电单元工程施工质量验收评定标准 土石方工程:SL 631—2012[S]. 北京:中国水利水电出版社,2012.

[4] 中华人民共和国住房和城乡建设部. 建筑地基基础设计规范:GB 50007—2011[S]. 北京:中国建筑工业出版社,2011.

[5] 中华人民共和国住房和城乡建设部. 建筑地基检测技术规范:JGJ 340—2015[S]. 北京:中国建筑工业出版社,2015.

[6] 国家能源局. 碾压式土石坝施工规范:DL/T 5129—2013[S]. 北京:中国电力出版社,2013.